黄瓜嫁接

穴盘育苗

嫁接苗繁育

番茄蘸花

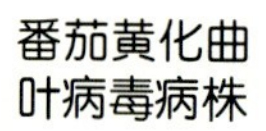

番茄黄化曲
叶病毒病株

番茄叶霉病

黄瓜霜霉病病叶

黄化曲叶病
毒病病叶

丝瓜蔓枯病病茎

番茄畸形果

高温障碍

膜下暗灌

蔬菜高效种植10项关键技术

主编

刘万兴

编著者

（按姓氏笔画排序）

石克强　冯国平　刘万兴

李克华　张保东　张海芳

齐艳华　吴利国　赵光华

赵永和

金盾出版社

内 容 提 要

本书内容包括:蔬菜穴盘育苗技术,果类蔬菜嫁接育苗技术,瓜类、茄果类蔬菜整枝、换头技术,不同生产方式茬口安排技术,蔬菜越夏栽培技术,蔬菜配方施肥技术,蔬菜节水灌溉技术,茄果类蔬菜落花、落果、畸形果防治技术,蔬菜营养失调症识别及防治技术和蔬菜主要病虫害识别防治技术。本书内容丰富、实用,语言通俗易懂,便于操作。适合广大菜农参考使用。

图书在版编目(CIP)数据

蔬菜高效种植10项关键技术/刘万兴主编.—北京:金盾出版社,2011.7(2020.4重印)
ISBN 978-7-5082-6909-2

Ⅰ.①蔬… Ⅱ.①刘… Ⅲ.①蔬菜园艺—通俗读物
Ⅳ.①S63-49

中国版本图书馆CIP数据核字(2011)第044722号

金盾出版社出版、总发行
北京市太平路5号(地铁万寿路站往南)
邮政编码:100036 电话:68214039 83219215
传真:68276683 网址:www.jdcbs.cn
三河市双峰印刷装订有限公司印刷、装订
各地新华书店经销
开本:850×1168 1/32 印张:5.625 彩页:4 字数:125千字
2020年4月第1版第11次印刷
印数:90 001~93 000册 定价:18.00元

目　　录

第一章 蔬菜穴盘育苗技术

蔬菜育苗在蔬菜生产中占有十分重要的位置，是蔬菜能否获得优质、高产、高效的关键环节。目前，在蔬菜生产中普遍采用的育苗方式主要有地苗、营养钵育苗和穴盘无土育苗。近年来随着设施迅猛发展，前两种育苗方式由于科技含量低，存在着很多缺陷，如病害严重、费工、土地利用率低下等，而由于穴盘育苗采用无土育苗，与之相比有着明显优势。

一、穴盘育苗的优越性

(一)省时、省力、机械化生产效率高

穴盘育苗采用精量播种，一次成苗，从基质拌种、装盘至播种、覆盖等一系列作业实现了自动控制，苗龄比常规苗缩短10～20天，劳动效率提高5～7倍。常规育苗人均管理2.5万株左右，穴盘育苗人均管理20～40万株左右，由于机械化作业程度较高，减轻了作业强度，可节省30%的劳动成本。

(二)节省能源、种子和育苗场地

穴盘育苗一般采用干籽播种，并且一穴一粒，集中育苗，可节省能源，降低成本50%以上。采用穴盘育苗，可缓解市场蔬菜供应紧张的状况，并带来明显效益。

(三)便于规范化管理

随着设施农业的不断发展，尤其是蔬菜种植当中最为重要的

是育苗技术。有些菜农缺少育苗技术,缺乏栽培经验,穴盘育苗的发展,可使他们通过购买商品苗来解决育苗技术的难关。

(四)没有缓苗期

采用穴盘育苗,由于幼苗根系发达,抗逆性增强,并且定植不伤根,没有缓苗期,因此缓苗快,成活率高。

(五)适宜远距离运输

穴盘育苗是以无土材料做育苗基质,这些基质比较轻,保水能力强,适合远距离运输。穴盘育苗体系的建立,使蔬菜育苗实现了专业化,供苗实现了商品化,生产过程实现了机械化,有利于规范化科学管理,使农民从传统手工农业中解放出来。

二、穴盘育苗的配套材料

(一)穴　盘

外形大小多为54.9厘米×27.8厘米,穴盘规格为32孔、50孔、72孔、105孔、128孔、288孔。在相同的日历苗龄条件下,由于植株根系的营养体积不同,根据品种、季节选择不同规格大小的苗盘,但总产量无较大差异。

(二)育苗基质

育苗基质的选择,是穴盘育苗成功与否的关键因素之一,可选用草炭、蛭石、珍珠岩、锯末和玉米芯等作为基质材料。蛭石比重轻,透气性好,具有很强的保水能力,含有较高的钾。无土育苗时,草灰与蛭石的配制比为2∶1或3∶1,播种之后的覆盖料全部用蛭石或珍珠岩。

(三)育苗场地

育苗温室的保温性能决定了能源的消耗量,保温性能好可以减少能耗。在最寒冷季节,育苗温室的夜间最低温度应保持在12℃以上。使用EVA多功能复合膜无滴性能好,幼苗不会因为滴水造成湿度大,感染病害而影响生长发育;由于水珠不会附着在薄膜上,使温室的透光性能增强。由于日光温室采光性能好,白天充分利用了太阳能,室内温度上升快。为了防止秧苗徒长,在建造育苗温室时应考虑温室的通风。为了提高大棚的保温性能,应建造围墙式钢架结构的温室大棚。北京地区冻土深度参数为70厘米,基础墙体厚度应为100厘米以上,棚长50～60米,跨度10～12米,每棚面积为500～600平方米。为了保证在寒冷的冬季提供育苗场所需的温度条件,棚内需要加温设备,有条件的可以用暖气加温。一般育苗场采用圆翼片水暖加温,将其放置在温室的前底脚,使育苗棚内的温度基本达到一致,防止因温室前底脚温度过低而影响种苗正常生长。在夏季育苗时,必须配备遮阳网、防虫网,以降低苗床的温度,防止病虫害的发生。

(四)催芽室

催芽室是为了促进种子萌发出土的设备,是工厂化育苗必不可少的设备之一。育苗室可作为大量种子浸种后催芽,也可将播种后的苗盘放在催芽室,待种子60%拱土时挪出。

(五)育苗床架

育苗床架的设置,一是为育苗者作业操作方便;二是可以提高育苗盘的温度;三是可防止幼苗的根扎入地下,有利于根坨的形成。冬季床架可稍高些,夏季可稍矮些。

(六)肥水供给系统

喷水喷肥设备是工厂化育苗的必要设备之一。喷水喷肥设备的应用可以减少劳动强度,增加劳动效率,操作简便,有利于实现自动化管理。在没有条件的地方,也可以利用自来水管或水泵,接上软管和喷头,供给水分。需要喷肥时,在水管上安放加肥装置,利用虹吸作用,进行养分的供给。

三、培育优质穴盘苗的技术要点

(一)种子处理

培育优质穴盘种苗,选择洁净、无病、籽粒饱满的种子是基础。一般种子在销售前已消毒处理,而一部分种子由于客观条件等因素未消毒处理。因此,在播种之前生产者应进行种子消毒处理。一般种子处理采用温汤浸种、药剂和种子活化处理3种方式。

1. 温水浸种 将种子放入50℃～60℃水中,顺时针搅拌种子20～30分钟,至水温降至室温时停止搅拌,然后在水中浸泡一段时间(表1),漂去瘪籽,用清水冲洗干净后滤去水分,将种子风干后备用或进行种子催芽。温汤浸种是一种较安全的种子处理方法,这种方法可有效地杀死附着在种子表面和潜伏在种子内部的病菌。另外,种皮上带有萌发抑制物,通过浸种和冲洗可去除种皮上的萌发抑制物,增加种皮的通气性,促进种子萌发整齐一致。温汤浸种还可促使种子吸足水分,使种子内部的各种酶活化起来,为萌发做好准备。

表1 种子温水处理温度与时间

蔬菜种类	水温(℃)	时间(分钟)	蔬菜种类	水温(℃)	时间(分钟)
番茄	50～55	30	丝瓜	55～60	30
甜椒	50～55	30	南瓜	55～60	30
茄子	55～60	30	冬瓜	55～60	30
黄瓜	50～55	30	芹菜	48～50	25
苦瓜	55～60	30	甘蓝	45～50	20

2. 药剂处理 药物处理种子的目的是杀灭附着在种子表面的病菌。药剂使用方法及病害防治见表2。

表2 药剂使用方法及病害防治

蔬菜种类	病害防治	药剂使用	药液浓度(倍)	浸泡时间(分钟)
番茄	病毒病	40%磷酸三钠	10	20
		氢氧化钠	50	15
	早疫病	40%福尔马林	100	15～20
甜(辣)椒	病毒病	40%磷酸三钠	10	20
	炭疽病	硫酸铜	100	5
	细菌性斑点病	硫酸铜	100	5
茄子	褐纹病	40%福尔马林	300	15
黄瓜	枯萎病	50%多菌灵	500	60
		40%福尔马林	150	90
	炭疽病	升汞	1000	10～15
	角斑病	升汞	1000	10～15

3. 种子活化处理 穴盘育苗采用精量播种，使用萌发速度快、出芽率高、整齐度好、高活力的，洁净的无病种子，是培育优质穴盘苗的基础。质量低劣的种子造成苗盘中出苗参差不齐，缺苗

和大小苗现象严重，致使商品苗质量下降，所以有些种子在播种前要进行活化处理。种子萌发分为2个时期，一是萌发的初始时期，这一时期种子中的贮藏物质开始水解，变成可溶性低分子化合物，为种子发芽做好准备，这一过程是不可缺少的；二是细胞伸长和生长开始时期，胚根穿透种皮，萌发开始。用赤霉素处理种子有助于种子通过萌发的初始时期，而这一阶段是不可逆的。所以，处理后的种子可以在干燥器中贮存，保持诱发后的活力。

(二)适宜穴盘及苗龄的选择

1. 苗盘的选择 根据不同蔬菜种类、生理苗龄及种植时间的需要选择适宜的苗盘(表3)。

表3 适宜穴盘的成苗标准

蔬菜种类	200穴	128穴	72穴	50穴
番茄	—	4～5片叶	5～6片叶	6～7片叶
茄子	—	4～5片叶	5～6片叶	6～7片叶
甜椒	—	5～6片叶	6～7片叶	7～8片叶
黄瓜	—	1～2片叶	3～4片叶	4～5片叶
芹菜	4～5片叶	5～6片叶	—	—
生菜	3～4片叶	4～5片叶	5～6片叶	—
甘蓝	2～3片叶	4～5片叶	5～6片叶	6～7片叶
菜花	2～3片叶	4～5片叶	5～6片叶	6～7片叶
大白菜	2～3片叶	4～5片叶	5～6片叶	—

注：以上育苗标准根据育苗期间的温度及配套设施掌握成苗标准

2. 穴盘消毒 使用过的苗盘应该进行清洗和消毒。在育苗过程中，由于管理不当，秧苗会感染一些病害或发生虫害，虽然管理人员采取了一定的措施控制病害和虫害的蔓延，但是一些病原菌和虫卵仍然避免不了残留在苗盘上，因此使用过的苗盘一定要进行清洗和消毒。方法是先清除苗盘中的剩余物质，用清水将苗盘冲洗干净，黏附在苗盘上较难冲洗的脏污，可用刷子刷干净。冲洗干净的苗盘可以扣着散放在苗床架上，以利于尽快将水控干，然后消毒。其方法如下。

(1)*漂白粉溶液消毒法*　将苗盘放进稀释100倍的漂白粉溶液中(即1千克漂白粉加99升水配置而成)，浸泡8～10小时，取出晾干备用。

(2)*硫黄粉熏蒸法*　将苗盘放置在密闭的房间中，把硫黄粉和锯末分放在几个盘中，点燃熏烟，密封一昼夜。每立方米放硫黄粉4克，锯末8克。

(三)基质的选择

1. 基质配方　我国穴盘育苗基质的主要成分是草炭、蛭石和珍珠岩。草炭和蛭石本身不但含有一定量的大量元素，还含有一定的微量元素，但是对于大多数蔬菜苗期生长的需求量来说仍然不能满足。因此，配制穴盘育苗基质时应考虑加入一定的营养，对幼苗生长更有利。如果用浇营养液的方式进行叶面追肥，由于幼苗缺肥，需要经常浇营养液，在冬季育苗时，就会造成温室内空气相对湿度加大，病害易发生；夏季如遇雨季或连阴天会造成烂苗。所以，在育苗基质中加入的少量有机肥或鸡粪等有助于秧苗生长中后期出现脱肥现象。

配制好的基质除含有一定的肥料外，还应有一定的含水量，如用草炭加蛭石作基质，播种时基质的含水量以40%～50%为宜。基质过干或过湿都会影响播种质量。一般基质配置比例为采用2/3草炭加1/3蛭石，或者3/4草炭加1/4蛭石，二者掺均后装盘。

2. 基质消毒　育苗基质在使用前须进行消毒，可采用化学药剂和杀菌剂进行消毒。

(1)百菌清药剂消毒　每立方米基质加入50%百菌清100～200克,充分混拌均匀后即可使用。

(2)蒸汽消毒　将基质放入蒸汽消毒器中,使温度达到100℃～120℃,保持1～2个小时,可达到消毒目的。

(四)装盘与播种

1. 装盘　首先应准备好基质,将配好的基质装入穴盘中,装盘时不要用力压紧,因压紧后基质的物理性状会受到破坏,使基质中空气含量和可吸收水的含量减少。正确的方法是用刮板从穴盘的一边刮到另一边,使每个孔穴中都装满基质,尤其是四角和盘边的孔穴,一定要与中间的孔穴一样。基质不能装得过满,装盘后的各个格室应能清晰可见。

2. 压盘　装好的苗盘要进行压穴,以利于将种子播入其中。可以将装好基质的穴盘垂直码放在一起,5～10盘一摞,两手平放,在穴盘上均匀下压至要求深度为止,然后将最上方一只盘取下即可播种。

3. 播种　将种子点在压好穴的盘中,用手将种子播入穴中,每穴1～2粒,避免漏播。

4. 覆盖　播种后用蛭石或珍珠岩覆盖穴盘。方法是将蛭石或珍珠岩倒入穴盘上,用刮板从穴盘的一边刮向另一边,去掉多余的覆盖物,覆盖不要过厚,与穴室相平为宜。

5. 浇水　播种覆盖后的穴盘要及时浇水,浇水一定要浇透,目测时以穴盘底部的渗水口看到水滴为宜。

(五)苗期环境的调节与控制

蔬菜育苗需要水、肥、气、热、光5个环境因素的共同作用,才能使秧苗茁壮成长。水是指水分条件,包括基质湿度和空气相对湿度;肥是指基质肥料条件;气是指气体条件,气体条件又包括育苗温室的气体和育苗基质中的气体；热指的是光照条件。这些环境条件共同影响着秧苗的生长发育。因此，掌握和控制好育苗温室的环境，才能培育出壮苗。

1. 水分　水分是蔬菜育苗生长发育的重要条件，幼苗的组织器官中水分占重量的85%以上。幼苗根、茎、叶的生长，光合作用的进行，与水分供应有着直接的关系。因此，在育苗期间搞好水分管理是增加幼苗有机物积累，培育壮苗的重要和有效途径。基质湿度的多寡与基质空气的含量、基质温度具有直接的关系，基质水分多时，基质空气含量就会减少，而地上部得到了充分的水分生长旺盛，使根冠比值降低，加上光照不足，易生成徒长苗。当基质水分降低时，地上部不能得到充足的水分，由于蒸腾作用不断的丢失大量水分，因而抑制了地上部的生长，严重时造成植株萎蔫或长成老化苗。

采用穴盘育苗时，浇水方法与传统育苗方法不同，浇水次数也要频繁得多。由于穴盘育苗每穴中的基质量少，又是干籽播种，要求播后水一定要浇透，以穴盘底孔向外渗水为标准。冬、春季出苗前用地膜覆盖苗盘，一是为保温，二是为保湿，这样到出苗前可以不再浇水；夏季温度高，水分蒸发快，要小水勤浇，保持上层基质湿润，以利出苗。但是不能水分过大，防止种子腐烂。秧苗出土后至第一片真叶长出，要降低基质的水分含量，水分过多易徒长。随着幼苗不断长大，叶面积增大，同时蒸腾量也加大，这时秧苗缺水就会受到明显抑制易老化；反之，如果水分过多，在温度高、光照弱的条件下易徒长，在夜温低的情况下易发生猝倒病和沤根病。总之，水分过大使苗床内的温度、湿度增高，易导致病害发生。

浇水时要注意最好在晴天的上午，浇水要浇透，否则根不向下扎，根坨不易形成，起苗时易断根。成苗后起苗前一天或起苗的当天浇以透水，使幼苗容易拔出，还可使幼苗在长距离运输时不会因缺水而死苗。

2. 基质肥料 适宜的基质肥料是培育壮苗的基础,基质不仅对秧苗起着固着作用,而且秧苗的根系除了从基质中吸收水分外,还吸收多种营养元素以维持正常的生理活动。基质营养条件和基质酸碱度对秧苗的生命活动影响很大,基质中营养元素的多寡影响秧苗的营养生长和花芽分化速度,而基质酸碱度又影响根系对营养元素的吸收。因此,育苗期间应十分注意基质的营养状况和酸碱度。基质的酸碱度对秧苗的生长也有影响,大多数蔬菜作物,在中性或弱酸性的条件下生长较为适宜。当基质中 pH 值高时,幼苗表现为顶部叶片发黄,植株矮小,生长不平衡,根系生长受阻,其原因是当基质中 pH 值高于 6.5 时铁离子被固定,导致缺铁症状发生;pH 值过高,也阻止其他养分的吸收和利用,引起硼、镁、锰、锌、磷和铜的缺素症状发生。所以,对于大多数蔬菜作物来讲,中性偏酸的基质,pH 值在 5.0～6.8 中间为宜。

3. 气体条件 育苗温室的气体主要指二氧化碳和氧气。在保护地育苗中,适当增加二氧化碳含量,是培育壮苗的有效措施之一。育苗温室的氧气是提供秧苗进行呼吸作用的,经常通风换气,保持温室内空气新鲜,就可满足蔬菜幼苗呼吸所需要的氧气。

育苗基质中的气体是指基质中的氧气含量,当基质中的氧气含量充足时,根系才能生成大量的根毛,形成强大的根系。如果基质中水分含量过多,或者基质过于黏重,根系就会缺氧窒息,使地上部萎蔫,生长停止。因此,在配置育苗基质时,一定要注意基质疏松、透气性好。

4. 温度 温度是指育苗温室的气温和幼苗根系周围的地温,以及昼夜温差 3 个方面。

育苗温室的气温条件是培育壮苗的基础条件,幼苗生长过程中,气温条件的高低极大地影响着幼苗的生长速度。不同的蔬菜种类,要求不同的气温条件。当气温高于幼苗生长的适宜条件时,尤其是夜间温度过高时,幼苗生长速度加快,极易形成徒长苗;当气温低于幼苗生长的适宜条件时，幼苗生长速度缓慢，如果温度长期偏低，尤其是夜间温度偏低，使得白天叶片光合产物运输受阻，影响第二天的光合作用，长此以往就容易形成老化苗。

幼苗根系周围的地温对幼苗根系的生长和养分、水分的吸收功能有着极大的影响。蔬菜根系生长所要求的根系周围的温度随蔬菜种类的不同而不同。在温度适宜的范围内，根的伸长速度随着地温的升高而增长，超过适温范围后，虽然伸长速度加快，但是根系瘦弱、寿命缩短。一般果类菜根系生长的最低温度为10℃±2℃，瓜类等喜温类蔬菜偏高一些，如黄瓜根系的生长适温为20℃～25℃，低于20℃根系的生理活动减弱，降至12℃以下时，根系停止生长。西葫芦、番茄等可偏低些，但不能低于7℃～8℃。

昼夜温差对于培育壮苗有着极其重要的作用，白天应保持秧苗生长的适宜温度，增加秧苗光合产物，夜间应与白天保持10℃的温差，以便把光合产物迅速的运转到各个器官，并且尽量减少呼吸消耗。

温度是满足蔬菜秧苗正常生长的最基本的环境条件，不同的蔬菜对温度条件要求不同，不同阶段对温度要求也不同，呈阶梯式递减。播后的催芽阶段是育苗期间温度最高的时期（表4），待60%以上种子拱土后，温度适当降低，但仍要保持较高水平，以保证出苗整齐；待幼苗2叶1心后适当降温（表5），保持幼苗生长适温；成苗后定植前一周要再次降温炼苗（表6）。

表4 蔬菜种子萌发时的基质温度条件 （℃）

蔬菜种类	最低温度	适宜温度范围	最适宜温度	最高温度
黄　瓜	16.0	16～33	30	35
甜(辣)椒	15.5	18～32	29	35
番　茄	10.0	15～30	29	35
茄　子	16.0	24～32	30	35

续表 4

蔬菜种类	最低温度	适宜温度范围	最适宜温度	最高温度
西葫芦	15.5	21～32	30	37
南　瓜	15.5	21～32	30	36
芹　菜	4.5	16～21	20	29
生　菜	2.0	4～27	24	29
甘　蓝	4.5	7～29	24	38

表 5　幼苗期温度管理标准　（℃）

作　物	白　天	夜　间
黄　瓜	25～28	15～16
甜(辣)椒	25～28	18～21
番　茄	20～23	15～18
茄　子	25～28	18～21
西葫芦	20～23	15～18
绿菜花	18～22	12～16
芹　菜	18～24	15～18
生　菜	15～22	12～16
甘　蓝	18～22	12～16

表 6　成苗期温室温度管理及苗龄

蔬菜作物	白天温度(℃)	夜间温度(℃)	苗龄(周)
黄　瓜	24～28	12～15	4～5
甜(辣)椒	18～24	13～18	10～12
番　茄	18～24	13～15	7～9
茄　子	24～28	13～20	10～12

续表 6

蔬菜作物	白天温度(℃)	夜间温度(℃)	苗龄(周)
西葫芦	18～21	12～15	4～5
绿菜花	16～21	10～12	7～9
芹　菜	15～23	12～15	9～10
生　菜	13～18	10～13	5～7
甘　蓝	16～21	10～16	7～9

番茄幼苗在进行花芽分化时，若遇到低夜温则畸形果的数量增多，尤其是第一穗果。一般常规苗，人们普遍认为当幼苗长至2叶1心时开始花芽分化，此时夜间应保持在15℃以上，低于15℃则畸形果数量增加。实际上番茄生长除了苗期低夜温外还和幼苗本身的营养状况有关。考虑到不同夜温管理的穴盘幼苗素质及定植后对产量的影响，番茄穴盘苗苗期夜温以10℃～15℃为宜。适当的低温可以增强幼苗的抗寒性和抗病性，使幼苗组织充实，防治徒长。

秧苗生长需要一定的温差，白天和夜间应保持8℃～10℃的温差。晴天白天温度高，夜间可稍高些，也要保持2℃～3℃的温差。阴天白天苗床温度应比晴天低5℃～7℃，阴天光照弱，光合效率低，夜间气温相应的也要低一些，使呼吸作用减弱，以防幼苗徒长。

夏、秋季育苗一般温度高于作物生长适温，要防治高温、多雨对幼苗的影响，用遮阳网遮阴，防治幼苗徒长抽薹。

5. 光照　光照直接影响秧苗的素质，光合作用的强弱主要受光照条件的影响。光照条件包括光照强度、光照时数和光的质量。日照时间的长短也是影响秧苗素质的重要因素，冬、春季节育苗，日照时间短，在温度许可的条件下，争取早揭苫晚盖苫，延长光照时间，在阴雨天气，也应揭开覆盖物，有条件的地方可以考虑补充光照。光照不仅能提供育苗温室中部分热量的来源，同时也是幼苗进行光合作用的能源，光影响着幼苗生长发育的质量，是培育壮苗不可缺少的因素。光照条件包括光照强度和光照时数，二者对于幼苗的生长发育和秧苗质量有着很大的影响。蔬菜种类不同，对光照强度的要求也不相同，瓜类比果菜类要求高，果菜类比叶菜类要求高。

同时，光照时间的长短还影响着养分的积累和幼苗的花芽分化，若幼苗长时间处于弱光条件下，易形成徒长苗，造成植株高、茎细、叶片数降低，叶绿素及叶面积减少，植株干重降低，花芽分化推迟，整个幼苗素质下降。

以上所列举的育苗环境条件、相互之间密切相关，同时影响着秧苗的生长发育，生产中应不断总结经验，调整好这几个环节，使之协调发展，为秧苗提供良好的生长发育环境。

四、主要蔬菜的穴盘育苗技术管理规范

(一)冬春季茄子

1. 特性 茄子原产于热带的印度，属茄科植物。种子适宜的萌发温度为24℃～32℃，苗期生长适温为20℃～28℃。茄子喜充足的光照，幼苗期需要2 000勒以上。茄子喜肥沃疏松、透气性好、pH5.5～6的弱酸性基质。

2. 苗盘选择及基质配置 茄子育2叶1心子苗选用288孔苗盘，育5叶1心苗选用72穴苗盘。基质配制方法是：草炭∶蛭石2∶1或3∶1或草炭∶蛭石∶废菇料1∶1∶1，配制基质时每立方米加入三元复合肥3.2～3.5千克，或每立方米基质加入1.5千克尿素和1.5千克磷酸二氢钾，或2.5千克磷酸二铵，肥料与基质混拌均匀后备用。

3. 品种、播期确定　北京地区茄子春季早熟栽培选用7叶茄或6叶茄为主。当前穴盘育茄苗主要为早春保护地生产供苗，北京地区定植期从2月下旬开始（日光温室）直至4月初结束（塑料大棚），故播种期从12月中旬至翌年1月中旬，视用户需要而定。

4. 播种　播前应检测发芽率，穴盘育苗采用精量播种，为了提高播种质量，应选择种子发芽率大于90%以上的种子。为了提高种子的萌发速度，可进行种子活化处理，其方法是：将种子浸泡在500毫克/千克赤霉素溶液中24小时，风干后播种或丸粒化后再播种。播种后覆盖蛭石。播种覆盖作业完毕后将育苗盘喷透水（水从穴盘底孔滴出），使基质最大持水量达到200%以上。

5. 播后管理　播种后将穴盘放入催芽室，催芽室白天温度保持在25℃～30℃，夜间保持20℃～25℃，4～5天后，当苗盘中60%左右种子种芽伸出，少量拱出表层时，即可将苗盘摆放进育苗温室。进入温室后日温大于25℃，夜温18℃～20℃为宜。当温室夜温偏低时，考虑用地热线加温或临时加温措施，温度过低出苗速率受影响，小苗易出现猝倒病和沤根病。苗期子叶展开至2叶1心，水分含量为最大持水量的70%～75%。2叶1心后夜温可降至15℃左右，但不要低于12℃。白天酌情通风，降低空气相对湿度。苗期3叶1心后，结合喷水进行2～3次叶面喷肥。3叶1心至商品苗销售，水分含量为65%～70%。

由于种子质量和育苗温室环境条件影响，茄子精量播种出苗率一般只有60%～70%，为此对一次成苗的需在第一片真叶展开时，抓紧将缺苗孔补齐。用72孔育苗盘育茄苗，大多先播在288孔苗盘内，当小苗长至1～2片真叶时，移至72孔苗盘内，这样可提高前期温室有效利用率，减少能耗。

6. 病虫害防治　茄子苗期主要病害是猝倒病、灰霉病。猝倒病是苗期常见的一种病害，防治方法是基质在播种之前进行消毒；降低苗床湿度，控制浇水，浇水后通风，降低空气相对湿度，选择喷洒百菌清、多菌灵、代森锌800倍液，喷药时务必喷到幼苗根部。灰霉病防治方法是施用10％腐霉利烟剂，每公顷每次3.75千克，或5％腐霉利可湿性粉剂1 500～2 000倍液，50％乙烯菌核利水匀散粒剂1 000倍液。

主要虫害是蚜虫，防治方法是喷施2.5％氯氟菊酯乳油2 000倍液，或20％丁硫克百威乳油2 000倍液，或虫螨克1 500倍液；还可用乳油加上发烟剂熏烟，效果比直接喷药好，可以杀死各个角落里的蚜虫。

7. 商品苗标准 茄子穴盘育苗商品苗标准视穴盘孔穴大小而异，选用72孔苗盘的，株高16～18厘米，茎直径4～4.5毫米，叶面积在110～130平方厘米；达6～7片真叶并现小花蕾时销售，需80～85天苗龄；128孔苗盘育苗，株高8～10厘米，茎粗2.5、3毫米，4～5片真叶，叶面积为40～50平方厘米需70～75天苗龄。商品苗达上述标准时，根系将基质紧紧缠绕，当苗子从穴盘拔起时也不会出现散坨现象。放在纸箱或筐里如果取苗前浇透水，穴盘苗可远距离运输。早春季节，穴盘苗的远距离运输要防止幼苗受寒，要有保温措施。对于自用苗，近距离定植的可直接将苗盘带苗一起运到地里，但要注意防止苗盘损伤，穴盘苗定植成活率可达100％。

（二）冬春季甜（辣）椒

1. 特性 甜（辣）椒原产于中南美洲热带地区，属茄科植物。甜（辣）椒为喜温蔬菜。种子发芽适宜温度为25℃～30℃，苗期生长适宜温度为20℃～28℃，以白天25℃～30℃，夜间15℃～18℃为宜。幼苗生长期间需要良好的光照条件，甜（辣）椒喜肥沃疏松、透气性好、pH值中性偏酸的基质。

2. 穴盘选择、基质配置 甜（辣）椒育2叶1心子苗选用288孔苗盘；鉴于甜、辣椒叶片开展度小，育成苗选用72孔苗盘。基质配比为：草炭∶蛭石 2∶1，或草炭∶蛭石∶废草菇料 1∶1∶1，配制基质时每立方米加入三元复合肥 2.5～2.8 千克，或每立方米基质加入 1.3 千克尿素和 1.5 千克磷酸二氢钾，或 2.5 千克磷酸二铵，肥料与基质混拌均匀后备用。

3. 播期确定 当前穴盘甜椒苗主要为早春保护地生产供苗，定植期从 2 月底开始（日光温室）直至 4 月初结束（塑料大棚），故播种期从 12 月中旬至翌年 1 月中旬，视用户需要而定。

4. 播种 播种之前应该检测发芽率。穴盘育苗采用精量播种，种子发芽率应大于 90%以上。种子在播种之前用温汤浸种，风干后播种或丸粒化后再播种。播种深度 0.5～1 厘米，播种后覆盖蛭石或珍珠岩，播种覆盖作业完毕后将育苗盘喷透水（水从穴盘底孔滴出），使基质最大持水量达到 200%以上。

5. 播后管理 播种后将苗盘放入催芽室，催芽室白天温度保持 18℃～32℃，夜间 20℃～25℃，一般放置 4～5 天，当苗盘中 60%左右种子种芽伸出，少量拱出表层时，即可将苗盘摆放进育苗温室。进入温室后日温大于 25℃，夜温 18℃～20℃为宜。当温室夜温偏低时，考虑用地热线加温或临时加温措施，温度过低出苗速率受影响，小苗易出现猝倒病和沤根病。苗期子叶展开至 2 叶 1 心，水分含量为最大持水量的 70%～75%。2 叶 1 心后夜温可降至 15℃左右，但不要低于 12℃。白天酌情通风，降低空气相对湿度。苗期 3 叶 1 心后，结合喷水进行 2～3 次叶面喷肥。3 叶 1 心至商品苗销售，水分含量为 65%～70%。

6. 病害防治 主要病害是猝倒病、灰霉病。猝倒病防治方法是：降低苗床湿度，控制浇水，浇水后通风，降低空气相对湿度；子苗期夜温不得低于 10℃，连续 5～7 天处于 10℃以下夜温，便开始发病。喷洒百菌清、多菌灵、代森锌 800 倍液，喷药时务必喷到幼苗根部。喷药在上午进行。灰霉病防治方法是选用其一：喷 50%甲基硫菌灵可湿性粉剂 600～800 倍液，代森锌可湿性粉剂 700～

800倍液,50%多菌灵可湿性粉剂800倍液,50%异菌脲可湿性粉剂1 000倍液,50%腐霉利可湿性粉剂1 500倍液。也可选用10%腐霉利烟雾剂,每公顷每次3~4.5千克熏烟。

主要害虫是蚜虫,防治方法是:喷施三氟氯氰菊酯2 000倍液,20%丁硫克百威乳油2 000倍液,或虫螨克1 500倍液;还可用灭蚜乳油加发烟剂进行熏烟,效果比直接喷药好,可以杀死各个角落里的蚜虫。

7. 商品苗标准 甜椒穴盘育苗商品苗标准是苗龄80天左右,株高18~20厘米,茎直径3.5毫米左右,叶面积达120平方厘米,具有8~10片真叶并现小花蕾时销售。商品苗达标时,根系将基质紧紧缠绕,当苗子从穴盘拔起时也不会出现散坨现象,早春季节,穴盘苗远距离运输要防止幼苗受寒,要有保温措施。对于自用苗,近距离定植的可直接将苗盘带苗一起运到地里,但要注意防止苗盘的损伤,穴盘苗定植成活率达100%。

(三)番　茄

1. 特性 番茄原产南美洲的秘鲁、厄瓜多尔、玻利维亚。属茄科植物。番茄喜温不耐炎热,种子适宜的萌发温度为15℃~30℃,苗期生长适宜温度为白天20℃~25℃,夜间10℃~15℃为宜。番茄喜充足的光照,幼苗期需要2 000勒以上。番茄喜肥沃疏松、透气性好、pH5.5~7的基质。

2. 苗盘选择、基质配比 冬、春季育番茄2叶1心子苗选用288孔苗盘;育4~5叶苗选用128孔苗盘;育6叶苗选用72孔苗盘。夏季育3叶1心苗选用200孔或288孔苗盘。基质配比为草炭∶蛭石2∶1,或草炭∶蛭石∶废菇料1∶1∶1,冬春季配制基质时每立方米加入三元复合肥2.5千克,或每立方米基质加入1.2千克尿素和1.2千克磷酸二氢钾,肥料与基质混拌均匀后备用。夏季配制基质时每立方米加入三元复合肥2千克。

3. 播种　各地应根据栽培习惯选择适宜的品种。冬、春季穴盘育番茄苗主要为早春保护地生产供苗，定植期从2月中旬开始（日光温室）至3月下旬结束（塑料大棚），故播种期从12月中旬至翌年1月中旬，视用户需要而定。夏季穴盘育番茄是为秋大棚生产供苗，播种期7月5～15日。播前检测发芽率，选择种子发芽率大于90%以上的籽粒饱满、发芽整齐一致的种子。播前用温汤浸种法浸泡，夏季播前用40%磷酸三钠处理20分钟，然后用清水冲洗干净黏附在种子上的药液，风干后播种或丸粒化后再播种。72孔盘播种深度大于1厘米，128孔、200孔和288孔盘播种深度为0.5～1厘米。播种后覆盖蛭石，播种覆盖作业完毕后将育苗盘喷透水（水从穴盘底孔滴出），使基质最大持水量达到200%以上。

4. 播后管理　冬、春季番茄穴盘育苗播种后应置于催芽室，催芽室白天25℃，夜间20℃ 3～4天，当苗盘中60%左右种子种芽伸出，少量拱出表层时，即可将苗盘摆进育苗温室。进入温室后日温25℃，夜温16℃～18℃为宜。当温室夜温偏低时，考虑用地热线加温或临时加温措施，温度过低出苗速率受影响，小苗易出现猝倒病。苗期子叶展开至2叶1心，水分含量为最大持水量的65%～70%。2叶1心后夜温可降至13℃左右，但不要低于10℃。白天酌情通风，降低空气相对湿度。苗期3叶1心后，结合喷水进行1～2次叶面喷肥。5叶1心至商品苗销售，水分含量为60%～65%。

一次成苗的需在第一片真叶展开时，抓紧将缺苗孔补齐。用72孔育苗盘育番茄，大多先播在288孔苗盘内，当小苗长至1～2片真叶时，移至72孔苗盘内，这样可提高前期温室有效利用率，减少能耗。

5. 病虫害防治　番茄主要病害是猝倒病、立枯病、早疫病和病毒病。主要虫害是蚜虫和白粉虱。其防治方法如下。

（1）猝倒病、立枯病　播种前进行基质消毒，控制浇水，浇水后通风，降低空气相对湿度；子苗期夜温不得低于10℃，发病初期选喷洒百菌清、多菌灵、代森锌800倍液，喷药时务必喷到幼苗根部。喷药宜在上午进行。

（2）早疫病　播种前进行种子处理，用40%甲醛100倍液浸15～20分钟，取出用清水洗净。发病初期喷施百菌清可湿性粉剂800倍液，或80%代森锌可湿性粉剂700～800倍液。

（3）病毒病　在夏季高温干旱的条件下，再加上蚜虫的为害，易发生病毒病。表现为植株矮化或丛生板叶或畸形，有的出现花叶、皱叶、褐色条斑叶及蕨叶等现象。防治方法是播种前种子用10%磷酸三钠浸种20分钟，取出冲洗干净，可减轻病毒病的发生。在苗期注意遮阴降温，保持土壤湿润。发现蚜虫及时防治。

（4）蚜虫　喷施2.5%氯氟氰菊酯乳油2 000倍液，或20%丁硫克百威乳油2 000倍液、1 500倍液；还可用乳油加上发烟剂进行烟熏，效果比直接喷药好，可以杀死各个角落里的蚜虫。白粉虱防治方法是：喷施25%噻嗪酮乳油2 500倍液，或2.5%氯氟氰菊酯乳油3 000倍液，或1%溴氰菊酯施放烟剂。喷药最好在清晨或傍晚，这时的温度低，白粉虱飞行能力差，喷药效果较好；还可进行黄板诱蚜，在硬板上涂上橙黄颜色，再涂上一层籽油，利用白粉虱的趋黄性，将它黏在黄板上。

6. 商品苗标准　春季番茄穴盘育苗商品苗标准视穴盘孔穴大小而异，选用72孔苗盘的，株高18～20厘米，茎直径4.5毫米左右，叶面积90～100平方厘米，达6～7片真叶并现小花蕾时销售，需60～65天苗龄；128孔苗盘育苗，株高10～12厘米，茎直径2.5～3毫米，4～5片真叶，叶面积为25～30平方厘米需苗龄50天左右。夏季番茄穴盘育苗苗龄需20天左右，株高13～15厘米，茎直径3毫米左右，叶面积为30～35平方厘米。商品苗达上述标准时，根系将基质紧紧缠绕，当秧苗从穴盘拔起时也不会出现散坨现象，冬春季节，穴盘苗远距离运输要防止幼苗受寒，要有保温措施；夏天要注意降温保湿，防止萎蔫；对于自用苗，近距离定植的可直接将苗盘带苗一起运到地里，但要注意防止苗盘的损伤，可把苗盘竖起，一手提一盘（幼苗不会掉出来），也可双手托住苗盘，避免苗盘打折断裂。穴盘苗定植成活率达 100%。

（四）黄　瓜

1. 特性　黄瓜属葫芦科，为喜温蔬菜，发芽适宜温度为 16℃～33℃，萌发最适温度为 30℃，苗期生长适宜温度为白天 22℃～25℃，夜间 10℃～12℃。黄瓜喜光照充足、温暖环境。宜生长在肥沃、pH5.5～7.2 中性偏酸的基质。

2. 苗盘选择及基质配置　黄瓜育苗选用 72 孔或 50 孔苗盘。采用 72 孔苗盘每 1 000 盘备用基质 4.65 立方米，基质配置方法是：草炭∶蛭石 2∶1，或草炭∶蛭石∶废菇料 1∶1∶1，配置基质时每立方米加入 15∶15∶15 碳磷钾三元复合肥 2～2.5 千克，或每立方米基质加入 1 千克尿素和 1 千克磷酸二氢钾，或 1.5 千克磷酸二铵，肥料与基质混拌均匀后备用。

3. 播种　北京地区春季栽培选用比较耐低温、耐弱光的品种。为了克服日光温室黄瓜栽培过程中的基质低温障碍和基质连作障碍，需采用嫁接育苗，砧木主要选用黑籽南瓜。黑籽南瓜每公顷用种量约 15 千克，黄瓜每公顷用种量为 1.5～2.25 千克。目前，穴盘育黄瓜苗主要为早春保护地生产供苗，北京地区定植期从 1 月下旬开始（日光温室）至 3 月下旬结束（塑料大棚），故播种期从 12 月中旬至翌年 2 月中旬，视用户需要而定。

播种前南瓜籽和黄瓜籽均可用 55℃～60℃温水浸种，浸种过程要不断搅动，而后在 25℃～30℃水温下浸种，南瓜浸 24 小时，黄瓜浸 4～6 小时后取出种子搓去种皮上黏液，用清水冲洗 2～3 遍，即可用湿布包好，在 28℃～30℃条件下催芽。24～36 小时后当种子上的胚根伸出 3 毫米以上时准备播种。播种深度 1～1.5

厘米为宜，播种后覆盖蛭石，然后将育苗盘喷透水，使基质最大持水量达到200%以上。

4. 播后管理 从播种至齐苗阶段重点是温度管理，白天25℃～28℃，夜间18℃～20℃为宜，这一期间温度过高易造成小苗徒长，过低时子叶下垂、沤根或出现猝倒，特别注意阴天时温度管理，不要出现昼低夜高逆温差。齐苗后降低温度，白天22℃～25℃，夜间10℃～12℃。苗期子叶展开至2叶1心，水分含量为最大持水量的75%～80%，苗期2叶1心后，结合喷水进行1～2次叶面喷肥，3叶1心至商品苗销售，水分含量为75%左右。定植前炼苗，夜温可降至5℃～8℃，以适应定植后的自然环境。

5. 嫁接及嫁接后管理 嫁接方法有多种，一般采用快速简捷的斜插技术。当南瓜第一片真叶展开时，黄瓜子叶也以发足，此时进行嫁接。选用直径3毫米粗的竹签，将其一端削尖呈长1厘米的半圆锥形，其尖端5毫米处直径与黄瓜苗胚相当，约有2.5毫米，嫁接时去掉砧木的心叶，将竹签从心叶处斜插5毫米深，并使南瓜下胚轴表皮划出轻微裂口，然后将削成楔形的接穗插入、插紧。嫁接后的嫁接苗置于高温（30℃左右）、高湿（＞95%）遮光条件的小拱棚里，约1周伤口愈合，逐渐加大通风量，温度管理恢复正常。其后温度管理随着嫁接苗一天天长大，夜温逐渐降低，当黄瓜苗长至2叶1心时夜温保持在13℃～15℃，这样有利于雌花分化。苗期水分管理应使育苗基质保持最大持水量的75%～80%，基质水分过少过干会造成花打顶，苗期原则上控温不控水。

6. 病害防治 苗期主要病害是猝倒病、立枯病、霜霉病、白粉病。猝倒病、立枯病发病初期可选用72%霜霉威水剂400倍液喷淋，适当通风，降低室内湿度。霜霉病发病初期可选用百菌清烟雾剂，每公顷3～3.75千克；喷洒乙铝·锰锌可湿性粉剂500倍液或72%霜霉威水剂800倍液；50%甲霜·铜可湿性粉剂600倍液之一。白粉病可选用25%三唑酮可湿性粉剂1500倍液；也可用百菌清烟雾剂。

7. 商品苗标准 黄瓜苗定植时子叶完整，茎秆粗壮，叶色深绿，无病斑，节间短。温室用苗3片真叶，株高12～15厘米，苗龄30～35天。商品苗达标时，根系将基质紧紧缠绕，当苗子从穴盘拔起时也不会出现散坨现象，冬春季节，穴盘苗的远距离运输要防止幼苗受寒，要有保温措施。对于自用苗，近距离定植的可直接将苗盘带苗一起运到地里，但要注意防止苗盘的损伤。

(五)冬 瓜

1. 特性 冬瓜原产我国南部，是葫芦科作物。冬瓜喜温耐热，种子萌发适宜温度为30℃，生长适宜温度为25℃～32℃，冬瓜属于短日照植物，喜充足的光照、肥沃的基质。

2. 苗盘选择及基质配置 冬瓜穴盘育苗可用于保护地育苗，一般使用50穴或32穴孔苗盘。华北地区春茬日光温室定植期为2月中下旬，播种期以上年12月下旬为宜，春茬塑料大棚定植期为3月下旬至4月中旬，适宜播种期为1月下旬至2月上旬。基质配置同黄瓜。

3. 播种 华北地区冬瓜保护地栽培多选用早熟一串铃，播种前先用55℃～60℃温水浸种，浸种过程要不断搅动，当水温降至25℃～30℃时停止搅动，继续浸24～36小时后取出种子搓去种皮上黏液，用清水冲洗2～3遍，即可用湿布包好，在28℃～32℃条件下催芽。3～4天后当种子上的胚根伸出时准备播种。播种深度以1～1.5厘米为宜，种子应平放在穴盘内，以防戴帽出土。播种后覆盖蛭石，然后将育苗盘喷透水。

4. 播后管理 从播种至齐苗阶段重点是温度管理，白天25℃～30℃，夜间18℃～20℃为宜，这一期间温度过高易造成小苗徒长，过低时子叶下垂、沤根或出现猝倒，特别注意阴天时高温管理不要出现昼低夜高逆温差。齐苗后降低温度，白天25℃左右，夜间可保持15℃左右，以使幼苗健壮、雌花多。苗期子叶展开至2叶1心，水分含量为最大持水量的75%～80%。苗期2叶1心后，结合喷水进行1～2次叶面喷肥，3叶1心至商品苗销售，水分含量为75%左右。定植前进行低温锻炼，白天15℃～20℃，夜间可保持10℃左右，增加抗寒性。

5. 病虫害防治 苗期主要病害是枯萎病和疫病，枯萎病发病初期可选用50%多菌灵可湿性粉剂500倍液、50%丁戌己二元酸铜可湿性粉剂350倍液、甲基立枯磷乳油900倍液，或高锰酸钾1 300倍液、50%甲霜·铜可湿性粉剂600倍液之一。主要害虫是蚜虫，可选用2.5%氯氟氰菊酯乳油4 000倍液、2.5%联苯菊酯星乳油3 000倍液之一，选用杀蚜烟剂效果更佳。

6. 商品苗标准 定植时子叶完整，茎秆粗壮，叶色深绿，无病斑，节间短；秧苗3叶1心，株高18～20厘米。苗龄45～55天。

商品苗达上述标准时，根系将基质紧紧缠绕，当苗子从穴盘拔起时也不会出现散坨现象，冬春季节，穴盘苗的远距离运输要防止幼苗受寒，要有保温措施；夏天要注意降温保湿，防止萎蔫。对于自用苗，近距离定植的可直接将苗盘带苗一起运到地里，但要注意防止苗盘的损伤。

(六)芹　菜

1. 特性 芹菜是伞形花科属2年生草本植物，原产于欧洲地中海沿岸。芹菜性喜凉爽温润的气候条件，属半耐寒性蔬菜。种子发芽最低温度为4℃，适宜发芽温度为16℃～21℃，温度过高发芽困难。幼苗生长温度为15℃～24℃，最适生长温度为18℃～20℃，温度高于27℃时，生长受影响，幼苗耐寒性强，可耐受4℃～6℃的低温。芹菜种子在发芽时有喜光的特性，在其他发芽条件相同的情况下，有光比黑暗时容易发芽。西芹苗期对光照条件的要求不太严格。长日照和短日照对其营养生长的影响差异很小。西芹喜肥沃微酸性土壤，基质 pH 值保持 5.5～6.7 适于幼苗生长。

2. 穴盘选择及基质配置　播种之前，应根据生育苗龄选择所用穴盘，育 4～5 片叶苗选用 288 孔苗盘；育 5～6 叶苗选用 128 孔苗盘。

准备充足的基质是播种顺利进行的基础，采用 288 孔苗盘每 1 000 盘备用基质 2.76 立方米，基质配置可按照草炭∶蛭石 2∶1 或草炭∶蛭石 3∶1 或草炭∶蛭石∶废菇料 1∶1∶1 的比例进行配制。配制基质时每立方米加入三元复合肥 1.2 千克，或每立方米基质加入 0.45 千克尿素和 0.45 千克磷酸二氢钾，肥料与基质混拌均匀后备用。

3. 播种　北京地区芹菜秋季栽培，当前穴盘育芹菜苗主要为日光温室和小拱棚秋冬茬生产供苗，北京地区这茬芹菜定植期集中在 8 月下旬至 9 月中旬，故播种期安排在 6 月下旬至 7 月中旬，播种过早，苗期高温持续时间长易造成种子热休眠，管理上难度较大。播种之前应先检测发芽率。穴盘育苗采用精量播种，种子发芽率应大于 85%以上。芹菜种子粒径小，为了保证播种质量应进行种子丸粒化处理。芹菜种子发芽需光照，属需光种子，故播种不宜过深，播后上面覆盖薄薄一层蛭石(2～3 毫米)。浇水后各格室清晰可见。

4. 播后管理　芹菜对水分要求严格，播种覆盖作业完毕后将育苗盘喷透水(水从穴盘底孔滴出)，使基质最大持水量达到 200%以上。芹菜喜湿，夏季温度高蒸发量大，注意勤浇水，播种至出苗基质含水量应达到 90%以上；从子叶发足至第一片真叶显露应保持基质湿润，含水量保持在 80%～85%；第一片真叶至 2 叶 1 心，水分含量为最大持水量的 75%～80%；3 叶 1 心至成苗期，可减少浇水次数，使基质含水量保持在 70%～75%；蹲苗期，含水量降至 60%～65%。

芹菜喜凉爽、湿润的气候条件，最适发芽温度为 15℃～20℃，幼苗生长适宜温度为白天15℃～23℃，夜间12℃～15℃，超过27℃发芽缓慢，幼苗生长不良。因夏季高温，为了降低温度减少水分蒸发，有利于出苗和幼苗生长，应建遮阴设备。

由于种子质量和气候条件的影响，芹菜精量播种出苗率一般只有60%～70%，为此在小苗第一至第二片真叶展开后，抓紧把缺苗孔补齐。苗期3叶1心后，结合喷水进行1～2次叶面喷肥。

5. 病虫害防治 主要是蚜虫和病毒病。为了防止蚜虫和毒病的危害，每周应进行药剂防治。防治方法是选喷2.5%氯氟氰菊酯乳油2 000倍液，20%丁硫克百威乳油2000倍液，虫螨克1 500倍液之一；还可用乳油加发烟剂进行熏烟，效果比直接喷药好，可以杀死各个角落里的蚜虫。

6. 商品苗标准 选用128孔苗盘的，成苗时叶片数为5～6片真叶，最大叶长12～14厘米，需60天左右苗龄；选用288孔苗盘的，叶片数为4～5片真叶，最大叶长10～12厘米，需50天左右苗龄。

商品苗达上述标准时，根系将基质紧紧缠绕，当秧苗从穴盘拔起时也不会出现散坨现象，夏天要注意降温保湿，防止萎蔫。

(七)生　菜

1. 特性 生菜原产于地中海沿岸，属菊科莴苣属，是重要的生食蔬菜。生菜是半耐寒蔬菜，喜冷凉气候，既怕严寒，又不耐炎热，适宜在旬平均气温10℃～22℃的季节生长。种子萌发的适宜温度为15℃～20℃，温度达到25℃时发芽率显著下降，苗期最适宜生长温度为15℃～20℃，当白天20℃～25℃、夜间10℃～12℃时生长良好，日平均气温长期超过24℃，在长日照条件下，秧苗徒长，叶片细长，引起早期抽薹。生菜喜充足的光照，光照弱时叶片细长，秧苗瘦弱。生菜对基质要求严格，喜湿润疏松、排水良好、富含有机质的土壤，适宜的pH值为6～6.5。

2. 苗盘选择及基质配置　根据不同苗龄选用不同空穴的育盘苗，育3～4片叶苗选用288孔苗盘；育4～5片叶选用128孔苗盘。采用288孔苗盘每1 000盘备用基质2.76立方米，采用128孔苗盘每1 000盘备用基质3.65立方米，采用128孔苗盘每1 000盘备用基质4.57立方米。以草炭、蛭石、废菇料为育苗基质，草炭∶蛭石2∶1，或草炭∶蛭石∶废菇料1∶1∶1，配制基质时每立方米加入三元复合肥1.2千克，或每立方米基质加入0.5千克尿素和0.7千克磷酸二氢钾，肥料与基质混拌均匀后备用。夏季育苗时每立方米基质中加入三元复合肥0.7千克。

3. 播种　北京地区生菜栽培已周年化，冬季保护地栽培和春季露地栽培结球生菜选用大湖659、萨林纳斯或前卫75；夏季结球生菜选用皇帝、凯撒、奥林匹亚；秋季结球生菜选用射手101、皇帝或萨林纳斯。

利用各种类型保护设施及配套品种，北京地区生菜栽培已做到周年分期播种，排开上市。生菜采用育苗移栽，苗龄因季节不同差异较大。如4～9月份播种的生菜，苗龄20天左右；10月份至翌年3月份播种的生菜，苗龄30～40天，定植时4～5片叶为宜，播种期视用户需要而定。

穴盘育苗采用精量播种，生菜种子发芽率一般在95%以上，生菜种子千粒重8～12克，穴盘育苗每公顷需种量1.5千克。由于高温季节种子易出现热休眠，播种前将种子贮放在0℃～5℃的冰箱里存放7～10天。

生菜种子发芽需光照，属需光种子，故播种应不超过0.5厘米，播后上面覆盖薄薄一层蛭石，浇水后不露种子即可。

4. 苗期管理　播种覆盖作业完毕后将育苗盘喷透水，使基质最大持水量达到200%以上。生菜喜湿，如遇夏季温度过高蒸发量大，注意勤浇水，但也要注意防止烂心，防雨涝。苗期子叶展开至2叶1心，水分含量为最大持水量的75%～80%；苗期2叶1心后，结合喷水进行1～2次叶面喷肥，可选用2‰～3‰尿素和磷酸二氢钾液喷洒。3叶1心至商品苗销售，水分含量为70%～75%。

生菜喜凉爽，湿润的气候条件，最适发芽温度为15℃～20℃，3～4天出齐苗，幼苗生长适宜温度为白天15℃～18℃，夜间10℃左右，不低于5℃，超过25℃发芽缓慢，并出现热休眠，7～8月份播种严格控制小气候，最好备有遮阴设备，防止种子休眠。

由于种子质量和育苗温室环境条件影响，生菜精量播种出苗率有时只有70%～80%，如果选用128孔苗盘，在第二片真叶展开时，抓紧将缺苗孔补齐。

5. 病虫害防治 主要病虫害是病毒病、霜霉病、白粉虱、蚜虫。当高温干旱时，蚜虫大量发生，迁飞传播病毒，因此防止蚜虫是预防病毒病的有效措施。除药剂防治以外，应选择抗病品种、防蚜、清除杂草、遮阴降温、改善育苗环境。霜霉病发病初期叶片上发生淡绿色小病斑，逐渐扩大呈黄绿色多角形病斑，叶背发生白色霉状物，防治方法是选用抗病品种，播前进行种子、苗盘、基质消毒，发病初期喷洒多菌灵、百菌清、代森锌、等杀真菌剂防治。蚜虫防治可选用2.5%氯氟氰菊酯乳油2 000倍液、20%丁硫克百威乳油2 000倍液、蚜螨克1 500倍液之一。白粉虱防止可选用10%噻嗪酮乳油1 000倍液，也可以采用黄板诱杀成虫。

6. 商品苗标准 生菜穴盘育苗商品苗标准视穴盘孔穴大小而异，选用128孔苗盘的，叶片数为4～5片，最大叶长10～12厘米，苗龄20～30天；选用288孔苗盘的，叶片数为3～4片，最大叶长为10厘米左右，苗龄20～25天。生菜育苗推荐选用288孔苗盘，好处是拔苗时不易伤苗。

商品苗达上述标准时，根系将基质仅仅缠绕，当苗子从穴盘拔起时也不会出现散坨现象，冬天和早春，穴盘苗的远距离运输要防止幼苗受寒，要有保温措施；夏天要注意降温保湿，防止萎蔫。

(八)球茎茴香

1. 特性 球茎茴香原产于地中海沿岸,属伞形科。球茎茴香喜冷凉气候,在旬平均气温10℃～22℃条件下生长良好。种子萌发适宜温度为20℃～25℃,生长适宜温度为15℃～20℃。球茎茴香喜充足的光照和肥沃疏松的基质。

2. 播期 华北地区以秋季露地栽培和秋、冬保护地栽培为主,秋季露地栽培适宜播种期为6月下旬至7月上旬,供应期为10月上旬至11月上旬。秋、冬季保护地栽培适宜播种期为7月下旬至8月上中旬,供应期从11月下旬至翌年2月份。由于育苗期正处于气候炎热的季节,应选择四面通风,排水条件好浇水方便的场地,做好防雨降温,最好配备遮阳网。

3. 穴盘选择及基质配置 球茎茴香叶片稀疏直立,根系分生能力弱,育苗多选用288孔穴盘。采用288孔苗盘每1000盘备用基质2.76立方米,球茎茴香育苗基质以草炭和蛭石为主,草炭∶蛭石2∶1或3∶1,或草炭∶蛭石∶废菇料1∶1∶1,配置基质时每立方米加入三元复合肥0.7千克,或每立方米基质加入0.5千克磷酸二铵,为了防止基质带菌,每立方米基质加入多菌灵100克,或百菌清200克,将肥料、杀菌剂与基质混拌均匀后备用。

4. 播种 播种前应检测发芽率,选择种子发芽率大于90%以上的优质种子。播前用45℃～50℃温水浸种25分钟可去除种子表面病菌。播种深度以0.8～1厘米为宜。播种后用蛭石覆盖,覆盖蛭石不应超过盘面,各个格室应清晰可见。

5. 播后管理 播种覆盖作业完毕后将育苗盘喷头水,球茎茴香从种子萌发至第一片真叶出现需8～10天,基质应保持较高的湿度,水分含量为最大持水量的85%～90%,从第一片真叶至成苗约需20天左右,水分含量应保持在70%～75%。由于夏季温度高蒸发量大,每1～2天喷1次水。苗期2叶1心后,结合喷水进行1～2次叶面喷肥。可选用2‰～3‰的尿素和磷酸二氢钾液喷洒。球茎茴香性喜冷凉，生长适宜温度为20℃～25℃，为防止高温危害，晴天中午用遮阳网覆盖2～3小时。定植前3～5天不用遮阳网覆盖，使菜苗处于自然条件下进行适应锻炼。

6. 病虫害防治 苗期病虫害少，主要有蚜虫为害。防止可选用2.5%氯氟氰菊酯乳油2 000倍液、20%丁硫克百威乳油2 000倍液、虫螨克1 500倍液之一。

7. 商品苗标准 苗龄前30天，叶片数3片左右，株高10厘米时，即可作商品苗销售。穴盘苗定植成活率达100%。近距离定植的可直接将苗盘带苗一起运到地里，但要注意防止苗盘损伤，可把苗盘竖起，一手提一盘，也可双手托住苗盘，避免苗盘打折断裂。

（九）结球甘蓝

1. 特性 结球甘蓝起源于地中海沿岸，属十字花科蔬菜，是耐寒性蔬菜，一般在6℃～25℃的月平均气温条件下都能正常生长发育，结球甘蓝适宜在湿润、肥沃、疏松、pH5.5～6.5的基质中生长。

2. 苗盘选择及基质配置 结球甘蓝育2叶1心子苗选用288孔苗盘；育5片叶左右苗选用128孔苗盘。采用288孔苗盘每1 000盘备用基质2.76立方米，采用128孔苗盘每1 000盘备用基质3.65立方米，基质配制比例为：草炭∶蛭石2∶1，或草炭∶蛭石∶废菇料1∶1∶1。配制基质时每立方米加入三元复合肥3.0～3.2千克，或每立方米基质加入1.5千克尿素和0.8千克磷酸二氢钾，或2.5千克磷酸二铵，肥料与基质混拌均匀后备用。

3. 品种、播期 各地可根据种植习惯进行品种选择，早熟品种可选用中甘11、中甘12，华北地区春季育苗播种期为1月上旬，秋季育苗为6月下旬。

4. 播种　播种前检测种子发芽率，种子发芽率应大于90%以上。播种深度为0.5～1厘米。播种后用蛭石覆盖，覆盖作业完毕后将育苗盘喷透水，使基质最大持水量达到200%以上。

5. 播后管理　春季播种之后，将苗盘码放进催芽室，催芽室白天温度为20℃～25℃、夜间18℃～20℃ 2～3天，当苗盘中60%左右种子种芽伸出，少量拱出表层时，即可将苗盘放进育苗温室。进入温室后日温掌握在18℃～22℃，夜温10℃～12℃为宜。苗期子叶展开至2叶1心，水分含量为最大持水量的70%～75%；苗期3叶1心后，结合喷水进行2～3次叶面喷肥；3叶1心后至商品苗销售，水分含量应保持在55%～60%。4片真叶后应注意夜间温度不要长期低于6℃，以免发生先期抽薹现象。夏季育苗应注意防雨降温，有条件的可加盖遮阳网。一次成苗的需在第一片真叶展开时，抓紧将缺苗孔补齐。用128孔育苗盘育苗，可先播在288孔苗盘内，当小苗长至1～2片真叶时，移至128孔苗盘内，这样可提高前期温室有效利用率，减少能耗。

6. 病虫害防治　主要病害是灰霉病、黑胫病、黑根病。灰霉病防治方法施用10%腐霉利烟雾剂；也可以用50%腐霉利可湿性粉剂2 000倍液喷施，或50%异菌脲可湿性粉剂1 000～1 500倍液喷施；或50%乙烯菌核利可湿性粉剂1 000～1 500倍液喷施；每周喷施1次，以上药剂可交替使用，以防止抗药性。黑胫病苗期发病时可选用70%百菌清可湿性粉剂500～600倍液、或40%多·硫悬浮剂500～600倍液，也可以喷施70%代森锰锌可湿性粉剂400～500倍液，以上药剂可交替使用，每隔5～6天喷1次，结合育苗温室地面的喷施效果更佳。黑根病苗期发病初期可选用70%百菌清可湿性粉剂500～600倍液。

主要害虫是蚜虫、小菜蛾、菜青虫、斑潜蝇，蚜虫防治可选喷40%乐果乳剂1 000倍液，2.5%氯氟氰菊酯乳油2 000倍液，20%丁硫克百威乳油2 000倍液，虫螨克1 500倍液之一。小菜蛾、菜青虫可选用2.5%氯氟氰菊酯乳油5000倍液、联苯菊酯10%乳油10000倍液、20%丁硫克百威乳油2000倍液之一。斑潜蝇防治可选用丁硫克百威乳油2000倍液、虫满克1500倍液之一。

7. 商品苗标准 128孔育苗，当株高15厘米左右、茎直径4毫米左右、达5～6片真叶时销售，需75～80天苗龄，这时，根系将基质紧紧缠绕，当苗子从穴盘拔起时也不会出现散坨现象。春季穴盘苗的远距离运输要防止幼苗受寒，要有保温措施；夏天要注意降温保湿，防止萎蔫。对于自用苗，近距离定植的可直接将苗盘带苗一起运到地里，但要注意防止苗盘损伤，可把苗盘竖起，一手提一盘，也可双手托住苗盘，避免苗盘打折断裂。穴盘苗定植成活率达100%。

(十)花椰菜

1. 特性 花椰菜属十字花科，是甘蓝的一个变种，花椰菜喜冷凉属半耐寒性蔬菜，近年来各地区多有种植。种子在7℃～29℃范围都能萌发，适宜的萌发温度为20℃～24℃。幼苗期生长适温为8℃～24℃。花椰菜适于在肥沃、疏松、保水保肥力强、pH值中性偏酸的基质中生长。

2. 苗盘选择及基质配置 花椰菜育2叶1心子苗选用288孔苗盘，育5片叶左右苗选用128孔苗盘。采用288孔苗盘，每1000盘备用基质2.76立方米，采用128孔苗盘每1000盘备用基质3.65立方米，配置基质时每立方米加入15∶15∶15氮磷钾三元复合肥3～3.2千克，或每立方米基质加入1.5千克尿素和0.8千克磷酸二氢钾，或2.5千克磷酸二铵，肥料与基质混拌均匀后备用。

3. 播期 花椰菜的品种选择对季节要求严格，春季栽培品种不能用于秋季栽培。春季育苗播种期为1月上旬，秋季育苗为6月下旬。

4. 播种　播前检测种子发芽率，种子发芽率应大于90%以上。播种深度以0.5～1厘米为宜。播种后覆盖蛭石。

5. 播后管理　播种覆盖作业完毕后将育苗盘喷透水，使基质最大持水量达到200%以上。春季播种之后，将苗盘码放进催芽室，催芽室温度白天20℃～25℃、夜间18℃～20℃需2～3天，当苗盘中60%左右种子种芽伸出，少量拱出表层时，即可将苗盘摆放进育苗温室。进入温室后日温掌握在18℃～22℃，夜温10℃～12℃为宜。苗期子叶展开至2叶1心，水分含量为最大持水量的70%～75%。一次成苗的需在第一片真叶展开时，抓紧将缺苗孔补齐。用128孔育苗盘育苗，大多先播在288孔苗盘内，这样就可提高前期温室有效利用率，减少能耗。苗期3叶1心后，结合喷水进行2～3次叶面喷肥。3叶1心至商品苗销售，水分含量应保持在55%～60%。

秋季播种后，直接放入育苗温室或大棚，并且需要遮阴设备，降低室内温度。夏季播种后，可将苗盘直接放入温室或大棚中，有条件的地方应在中午阳光充足时扣上遮阳网，降低室内温度。

6. 病虫害防治　花椰菜主要病害是灰霉病、黑胫病、黑根病。灰霉病防治可施用10%腐霉利烟剂；也可以用50%腐霉利可湿性粉剂2 000倍液喷施，或50%异菌脲可湿性粉剂1 000～1 500倍液喷施，或50%乙烯菌核利可湿性粉剂1 000～1 500倍液喷施，每周喷施1次，以上药剂可交替使用，以防止抗药性。黑胫病苗期发病时可选用70%百菌清可湿性粉剂500～600倍液，也可以喷施70%代森锰锌可湿性粉剂400～500倍液，以上药剂可交替使用，每隔5～6天喷1次，结合育苗温室地面喷施效果更佳。黑根病苗期发病初期可选用70%百菌清可湿性粉剂500～600倍液。

主要害虫是蚜虫、小菜蛾、菜青虫、斑潜蝇，蚜虫防治可选喷2.5%氯氟氰菊酯2 000倍液，20%丁硫克百威乳油2 000倍液，虫螨克1 500倍液之一。小菜蛾、菜青虫可选用2.5%氯氟氰菊酯乳油5 000倍液、10%联苯菊酯乳油10 000倍液、20%丁硫克百威乳油2 000倍液之一。斑潜蝇防治可选用20%丁硫克百威乳油2 000倍液、虫螨克1 500倍液。

7. 商品苗标准 当株高15厘米左右,茎直径3毫米左右,达5～6片真叶时销售,春季需50～60天苗龄,秋季需30～40天苗龄。这时,根系将基质紧紧缠绕,当秧苗从穴盘拔起时也不会出现散坨现象。早春季节,穴盘苗的远距离运输要防止幼苗受寒,要有保温措施;夏天要注意降温保湿,防止萎蔫。对于自用苗,近距离定植的可直接将苗盘带苗一起运到地里,但要注意防止苗盘的损伤,可把苗盘竖起,一手提一盘,也可双手托住苗盘,避免苗盘打折断裂。穴盘苗定植成活率达100%。

第二章　果类蔬菜嫁接育苗技术

蔬菜进行嫁接栽培，能有效提高蔬菜的抗逆性、肥水的利用率，改善品质，增加产量。蔬菜通过嫁接也可以连茬栽培，增加作物的收获茬数，并且其耐低温性也增强，可使接穗植株获得发达的根系，增强对肥水的吸收能力，节约肥料。目前，蔬菜嫁接栽培技术已在生产上广泛利用。

一、蔬菜嫁接基础知识

（一）嫁接育苗方法

目前蔬菜嫁接方法较多，有靠接法、劈接法、插接法、贴接法等，嫁接方法不同，嫁接效率和效果也不同，而且差异较大。下面主要介绍劈接法和贴接法这 2 种果类蔬菜嫁接的常用方法。

1. 劈接法　劈接法是在茄果类嫁接中应用较普遍的一种方法。这种方法成活率较高，可达 90%以上，而且嫁接效率比较高，熟练农民 1 人 1 天能接 600～800 株。茄果类蔬菜苗不易出现空腔，下胚轴较长，比较适合选用劈接法。劈接法接穗的根完全去掉，嫁接接口在植株上部，远离地面，不易造成二次污染。当砧木具 5～6 片真叶，接穗具 4～5 片真叶，茎秆半木质化，茎直径 3～5 毫米时进行嫁接。嫁接时在砧木距地面 3～4 厘米平切一刀，保留 2 片真叶，然后在砧木茎中间垂直切入 0.6～0.8 厘米深。将接穗苗拔下，保留 2 叶 1 心，削成 0.3～0.5 厘米长的楔形，楔形大小与砧木切口相当，随即将接穗插入砧木的切口中，注意对齐接穗和砧木的表皮（至少有一侧对齐），并用嫁接夹子固定接口。

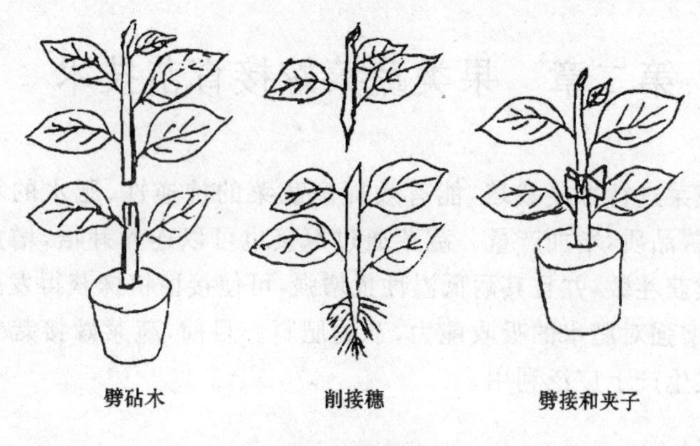

图1 劈接法

劈接法的砧木与接穗的接触面积较大，比较容易成活，是目前茄果类蔬菜嫁接采用较多的一种方法。

2. 贴接法 贴接法是近几年在果类中发展较快，较为普遍的一种嫁接方法。这种方法操作简单，成活率较高，可达90%以上。嫁接效率高，熟练农民1人1天能接1000～1200株。该法将接穗苗去掉根部，只留上部2叶1心，把茎的下端斜切成30°一切面，砧木苗留底部两片真叶，也将茎部斜切成与接穗相反的斜面，尽量将砧木和接穗的切面削成大小一致，将接穗和砧木的切面贴合在一起，夹好嫁接夹即可。贴接法接穗的根完全去掉，嫁接接口在植株上部，远离地面，也不易造成二次污染。

(二)嫁接育苗方式

目前，育苗方式主要有苗床育苗、营养钵育苗、穴盘有土育苗、穴盘无土育苗等几种方式。

1. 苗床育苗 将蔬菜种子直接播在育苗床内，现在主要用于育子苗。

2. 营养钵育　苗将育苗土或育苗基质放入营养钵，营养钵有不同的规格，可育小苗，也可育大苗。育大苗时可不进行分苗。

3. 穴盘育苗和无土育苗　这2种方法是现在比较先进的育苗方法。穴盘育苗和无土育苗在工厂化育苗中使用普遍。

嫁接育苗最好先将砧木种子播在育苗床或平底穴盘中，而后将砧木苗分在营养钵内，这样嫁接时操作起来比较方便，将接穗苗播在营养钵或穴盘中均可。现在我们提倡使用穴盘基质育苗，穴盘基质育苗苗齐苗壮成活率高，减少土壤传播病害的发生，根系发达，定植后减少缓苗期，节省能源和育苗场地。

(三)蔬菜嫁接育苗对环境条件的要求

嫁接的环境条件主要是指嫁接场所的温度、湿度和光照。

1. 温度　嫁接场地气温白天为25℃～30℃，夜间18℃～20℃，地温25℃左右。因为温度过高易造成嫁接苗失水萎蔫，使嫁接苗成活率降低。温度过低影响嫁接苗的伤口愈合，同样会影响嫁接苗的成活率。对于地温达不到的场所，可以采用加设地热线的方法来提高地温，满足嫁接苗的温度要求。

2. 湿度　嫁接场地空气相对湿度必须保持90%以上。因为空气相对湿度高有利于嫁接苗伤口愈合，如果空气相对湿度小，容易造成嫁接苗失水，发生萎蔫，使嫁接成活率降低。

3. 光照　嫁接场地不能太阳直射。在嫁接操作过程中一定要注意避免太阳直射，因为太阳直射容易引起嫁接苗失水，导致萎蔫，影响成活率。可以采取在棚膜上加盖遮阳网的措施，保持散射光照，达到嫁接苗的光照要求。

冬春寒冷季节，最好选晴天早晨嫁接，早晨空气相对湿度大，不易萎蔫，接后幼苗经历中午的温暖条件，有利于接口愈合。若在阴冷天气或冷空气到来之前嫁接，则温度低，影响成活。夏天最好选阴天或傍晚嫁接，以免幼苗萎蔫。

(四)蔬菜嫁接应注意的主要问题

1. 接穗苗带叶的数量要适宜 一般来讲,茄果类接穗苗稍大一些,真叶多一些有利于嫁接后嫁接苗的生长和培育壮苗,但如果留叶过多,接穗的失水将增多。砧木苗茎切面供水能力是一定的,接穗苗失水过多时,必然会因水分供应不足而导致接穗失水萎蔫,影响苗的成活率,因此应按嫁接要求留叶,留叶不应过多。

2. 砧木苗留叶不要过多 砧木苗适量留叶,对提高砧木根系的生长、增强根系的吸水能力、保证嫁接苗成活期间接穗有充足的水分供应以及提高嫁接庙的成活率有一定的帮助。如果留叶过多,会出现砧木叶片生长偏旺,接穗苗生长受抑制的现象。因此砧木上留叶不要多,一般不超过2片。

3. 要选择合适的嫁接夹子 要购买合格的嫁接夹子。嫁接夹过松时不易夹牢接口,过紧时也容易将苗茎夹伤。适宜的松紧度是能夹住接口,接穗不松动、不变形为适宜。

4. 起苗时要将大小苗分开放,使接穗苗与砧木苗的大小相配对 这样可以提高嫁接速度和嫁接的质量,有利于嫁接后的栽苗,并可减少接穗苗损耗,提高砧木和接穗的利用率。

5. 嫁接苗应随接随排入小拱棚内 在拱棚内浇水保湿遮阳等。

二、茄子嫁接育苗技术

茄子在生产中采用嫁接技术,主要是解决茄子由于连作黄萎病严重发生的问题。

(一)品种选择

1. 砧木品种 目前,生产中使用的砧木主要是从野生茄子中筛选出来的高抗或免疫的品种，其特点为抗病性强、根系发达、抗逆性强、与接穗亲和力好、对接穗无品质影响。如托鲁巴姆、托托斯加、茄砧5号等。

2. 接穗品种 要选择抗病、优质、高产、早熟、商品性好、适合当地市场需求的茄子品种作为接穗。北京地区主要是早熟京茄1号、京茄1号、京茄6号等。

(二)苗床的准备

冬季嫁接育苗应在温室中进行，必须在有炉火加温的条件下进行，并铺设地热线，保证育苗时的温度要求；夏季育苗在大棚中进行，要有遮阴降温设施。苗床最好选用育苗盘，砧木营养土选用1/3充分腐熟的厩肥、2/3无病原物熟土，混合过筛后作培养土，每立方米培养土中加三元复合肥1.5千克、磷酸二铵1千克，再均匀掺入50%多菌灵80克。

(三)播期播量的确定

要根据不同设施、不同茬口、定植期确定砧木和接穗的播种期。因茄子砧木发芽慢，要先播砧木，后播接穗，一般砧木较接穗提前35天播种，当砧木有1～2真叶片时再播接穗。

用托托斯加作砧木，播种量为每667平方米5克，接穗播种量每667平方米25克。

(四)浸种催芽

1. 砧木浸种 砧木用赤霉素(浓度为100～200毫克/千克)进行种子处理。首先用50毫升白酒溶解1克赤霉素，然后对水2.5升浸种24小时，取出后用清水洗净(清洗3次)，再用清水浸泡24小时，然后进行变温催芽。

2. 砧木变温催芽 将浸泡好的砧木种子放入恒温箱内，温度调至20℃处理16小时，再调至30℃8小时，每天如此反复调温2次，同时每天用清水洗涤1次。6～8天开始发芽，胚根长出1毫米长时播种最为适宜（如果没有恒温箱，在常温下需要15天左右才能发芽）。

3. 接穗浸种催芽 先进行温汤浸种（水温55℃，处理20分钟）。而后采取30℃条件下16小时和20℃条件下8小时的变温处理，进行催芽，可使种子发芽整齐、粗壮。待大部分种子破嘴露白时即可播种，一般3～4天就可出芽。

（五）播　种

播前苗盘先浇透水，水渗后将苗盘刮平，随即均匀撒播种子（因种子小必须与细沙土掺匀），并铺盖0.5厘米厚的过筛细土。播完后在床面上覆地膜以增温保湿。保持白天温度不超过35℃，夜间温度不低于17℃。待大部分苗子出土后，打开地膜，降低温度。白天温度控制在25℃～28℃，夜间15℃～18℃。一般子苗期不干不浇水，需要时可局部补水。对子叶畸形和生长不良的弱苗应及时间苗。待子苗长至2叶1心时分苗。分苗前2天苗床浇1次透水，利于起苗。

（六）分　苗

当砧木和接穗真叶长至2叶1心时分苗，砧木移入8厘米×8厘米营养钵内，按照同样标准移接穗苗至营养土制作的苗床内。

（七）嫁　接

1. 适期嫁接 当砧木长有5～6片真叶，接穗苗3～4片真叶时为嫁接最适期，砧木留2片叶，将其上部一次性去除。嫁接时一定要将温室或大棚遮荫后进行。嫁接前做好准备，遮阳网、托盘、小喷壶、刀片、小荚子、清水、消毒药剂等。

2. 嫁接方法　可采用2种嫁接方法：劈接法和贴接法。

(1)劈接法　将处理好的砧木由切口处沿茎中心向下切开1～1.5厘米的切口，随后将接穗留1叶1心削成斜面长1～1.5厘米的楔形(与砧木的切口相适应)，立即将其插入砧木的切口中，使切口形成层对齐密合，然后用嫁接夹固定即可。

(2)贴接法　在处理好的砧木上用刀片在第二片真叶上面节间斜削成30°的斜面，斜面长1～1.5厘米。取接穗苗，上部保留2～3片叶，用刀片削成与砧木相反的斜面，斜面长1～1.5厘米。然后将2个斜面迅速贴合到一起，形成层对齐，然后用嫁接夹固定。

3. 嫁接后管理　嫁接后7天内的管理至关重要，必须精心"护理"，温度和湿度的管理尤其重要，必须严格按照技术要求去做。

(1)湿度管理　嫁接后头3天小拱棚不得通风，湿度必须在95%以上，湿度不够可采取地面补水的方法进行；接后4天必须把湿度降下来，每天都要进行通风排湿，防止过湿烂苗；不要让水滴抖落在苗上，小拱棚要做成拱圆形。

(2)温度管理　嫁接后的头3天温度白天25℃～30℃，夜间17℃～20℃，地温25℃左右；3天后逐渐降低温度，白天23℃～26℃、夜间16℃～18℃；8天后撤掉小拱棚进入正常管理。

(3)遮荫管理　为保证育苗棚内温度可在小拱棚上加盖遮阳网，嫁接后头3天要以遮荫为主，10～16时都要进行遮荫，早、晚适当见光；嫁接后3～6天，见光和遮荫交替进行，避开中午光照强时见光；见光时间逐渐加长，见光后待叶片开始萎蔫时及时遮荫；以后随嫁接苗的成活，中午要间断性见光，待见光后不萎蔫时去掉遮阳网，10天后去掉小拱棚转入正常管理，去除嫁接夹，及时抹除砧木上萌发的枝蘖。

（八）嫁接成活后的管理

嫁接苗成活后进入正常管理阶段。这时要注意温度不要忽高忽低，及时去掉砧木侧芽，预防苗期病害的发生。应适当降低温度，白天控制在25℃～27℃，夜间15℃左右。水分管理以营养钵表土见干见湿为原则，既不能浇水过多，也不能过分干燥。当发现表土已干，中午秧苗有轻度萎蔫时，要选择晴天上午适量浇水，水量不宜过大。定植前5～7天，要加强通风，降低温度炼苗，使秧苗敦实健壮，以适应定植后的田间环境。

三、番茄嫁接育苗技术

番茄的设施栽培实施嫁接栽培是解决土传病害严重、克服连作障碍的有效途径。番茄嫁接栽培不仅可以抗病，由于砧木比原接穗根系发达，吸水、吸肥能力强，又可以显著提高产量。

（一）品种选择

1. 砧木的选择 应选对青枯病、根腐枯萎病、黄萎病、枯萎病和根瘤线虫病等主要土传病害具有抗性，同时又具有适宜长季节栽培品种。如北京蔬菜研究中心选育的果砧一号、日本选育15-89、BF兴津101等，北京地区番茄嫁接多选用抗枯萎病、线虫病和黄萎病的砧木品种果砧一号。

2. 接穗选择 应选早熟抗病，果形高圆、皮厚耐裂果、优质，高产的粉红果。如蒙特卡罗、金棚1号、东圣、硬粉8号等。

（二）播种育苗

1. 播前种子处理

（1）消毒处理 番茄种子容易携带病菌，引起烂苗和苗期病害，播种前要对种子进行灭菌处理。常用的消毒液有 1 000 倍 0.1%高锰酸钾药液可以防止细菌性病害；100 倍 2%氢氧化钠药液、10%磷酸三钠药液可以钝化番茄花叶病毒。消毒方法是先用温水把种子泡湿，再用药液浸泡。20～30 分钟浸泡结束后，用清水反复冲洗，将种子上的残留药液洗干净。

(2)浸种处理　种子做消毒处理之后，进行温汤浸种，用 52℃～55℃的热水浸种 20～30 分钟。具体做法是：将烧水用的"热得快"插入一盆水中，温度至 60℃左右时停止加热，将种子放入水中不断搅拌，看水温下降至 50℃左右时，加入开水，随加开水随看温度计，让水的温度在 52℃～55℃保持 20～30 分钟，能将种子表面大部分的病菌杀死。之后用 28℃～30℃的温水浸种 8 小时。浸种后捞出种子催芽。

(3)激素处理　番茄砧木多属于野生番茄，种子发芽率低，发芽时间也比较长，播种前应对种子进行促发芽处理。一般用 5～10 毫克/千克赤霉素液浸种 8～10 小时，捞出种子后再进行催芽。催芽之前一定将种子反复冲洗，把赤霉素液完全洗掉，否则播种出苗后会引起番茄苗徒长。

(4)催芽处理　浸种后将种子捞出，放在干净的湿毛巾或是纱布上包好，包裹种子时要使种子保持松散状态，以保证氧气的供给。番茄种子的适宜催芽温度为 25℃～30℃，每天用干净的温水冲洗一遍种子。当大部分种子破嘴露出白色胚根就可进行播种。

2. 播种　劈接法和贴接法，砧木都是较番茄提早播种 5～7 天。

将催好芽的种子播在装好营养土的平底盘或育苗床中。在播种前一天下午先将育苗盘洇好，一定要将盘洇透，以盘下渗出水为宜。育苗床要将床土浇透，使 8～10 厘米的土层含水量达到饱和。第二天上午播种，有利于地温的提高。将发芽的种子和适量过筛细潮土拌均匀后撒播。播种后，将育苗盘盘面均匀覆盖一层厚5～

8毫米的育苗土。注意覆土的深度要一致，避免覆土深出苗不齐，覆土浅戴帽出土，影响幼苗生长和整齐度。用地膜将所有育苗盘盖严，保温保湿。夏季播种后在育苗盘上支小拱棚，小拱棚上遮盖遮阳网进行降温。

3. 播种后苗床管理

(1)温度管理　番茄是喜温蔬菜，发芽出苗期需要高温。种子发芽的适温为25℃～30℃，最低温度保持在20℃以上。当有60%～70%秧苗出来后，应将地膜撤掉，降低温度。幼苗期的适温白天为20℃～25℃，夜间为10℃～15℃。苗床温度不低于12℃，地温也不能过高。这时期幼苗的生长，是下胚轴伸长快的时期。如果不适当控制温度，特别是夜温高，易形成高脚苗。最好保持昼夜温差达到10℃左右。遇到阴雪天气，白天温度降低，夜间也适当降低温度，温差为5℃～6℃。防止弱光照，高夜温幼苗徒长。

(2)通风管理　以开顶风口方式进行调节温度，降低畦面湿度。通风应逐渐由小到大，避免冷空气直接吹到秧苗，造成闪苗。

(3)水分管理　一般浇足播种水后覆盖地膜保湿，出苗期不用浇水。如果用育苗盘或育苗钵育苗，土层容易干，可适当补充一定量的温水，保证幼苗的生长。分苗前一天下午要浇水，使第二天分苗时水分充足。

(4)覆土　在种子刚拱土呈拉弓状时，用过筛的细潮土均匀覆盖，防止戴帽出土。等到种子出齐，撤掉地膜之后，无露水时，进行第二次覆土，以弥合种子出土时形成的细缝，防止畦面干裂。根据畦面的湿度来确定所覆土的干、湿程度，畦面干则覆湿土，畦面湿则覆稍干的细土。

(5)间苗　适当间苗，因撒播会造成出苗不齐，及时打开单棵。间苗时将子叶不正常的苗、无真叶苗、病苗、弱苗拔掉。

(6)分苗　砧木番茄苗在长至2叶1心时分苗。把砧木苗分到9厘米×9厘米的营养钵中。冬季分苗时应注意在晴天的午后进行，分苗后及时浇温水，以免地温降低。分苗后应适当提高温度，利于缓苗。白天22℃～28℃，夜间15℃～18℃。缓苗以后适当降低温度，白天20℃～25℃，夜间12℃～15℃。当砧木苗长至5～6片真叶，接穗长至4～5片真叶，就可以进行嫁接了。

(三)嫁接方法

1. 劈接法

(1)起苗　嫁接前一天用喷壶对接穗苗的苗床均匀喷水，冲掉秧苗叶片上的土，再用多菌灵500倍液喷洒一遍苗床，起到防病作用。嫁接当天，接穗苗的叶片上没有水珠时，将苗从苗床中连根拔出，用清水洗净，放在消过毒的塑料布上，等水分干后进行嫁接。砧木苗嫁接当天用多菌灵500倍液喷洒即可，等水分干后就可以嫁接操作。

(2)切削接口

①砧木苗削接口　将砧木苗从苗床内拿出放在操作台上，在第二片和第三片真叶之间用刀片横切一刀，砧木苗下部留2片真叶，然后在茎的横断面的中间向下劈切一长0.6～0.8厘米的接口。

②接穗苗削接口　接穗苗上面留2叶1心，将接穗苗的茎在紧邻第三片真叶处横切掉，接穗茎下端两面各削一刀将苗茎削成一个楔形，厚度约0.3厘米，削面长0.6～0.8厘米。尽量与砧木的接口大小接近。

(3)插接　将削好的接穗苗接口与砧木苗的接口对准形成层，插入砧木劈口内，使接穗与砧木表面充分接合，接穗苗尽量要插到砧木接口的底部不留空隙，避免产生不定根。

(4)固定接口　对好接口后，用嫁接夹子夹住嫁接部位，放入已经准备好的小拱棚内，再喷70%多菌灵500倍液防止病害发生。

2. 贴接法　贴接法是近几年发展较快的一种嫁接方法。这种方法操作简单，成活率较高，可达90%以上。嫁接效率高，熟练农民1人1天能接1 000～1 200株。

(1)起苗　起苗操作同劈接法。

(2)切削接口

①砧木苗削接口　将砧木苗从苗床内拿出放在操作台上，在第二片和第三片真叶之间用刀片斜切一刀，砧木苗下部留2片真叶，切口斜面长0.6～0.8厘米。

②接穗苗削接口　接穗苗上面留2叶1心，将接穗苗的茎在紧邻第三片真叶处用刀片斜切成30°一斜面，斜面的长度0.6～0.8厘米，尽量与砧木的接口大小接近。

(3)贴接　将削好的接穗苗接口与砧木苗的接口对准形成层，贴接在一起。

(4)固定接口　对好接口后，用嫁接夹子夹住嫁接部位，放入已经准备好的小拱棚内，嫁接后为避免伤口受到病原菌的侵染，再喷多菌灵500倍液防止病害发生。

(四)嫁接后管理

1. 温度管理　嫁接后的头3天白天温度为25℃～27℃，夜间17℃～20℃，地温为20℃左右；3天后逐渐降低温度，白天23℃～26℃、夜间16℃～18℃；10天后撤掉小拱棚进入正常管理。

2. 湿度管理　嫁接苗成活阶段从嫁接开始至心叶开始明显生长。此阶段湿度管理：嫁接后头3天小拱棚不得通风，湿度必须在95%以上，小拱棚的棚膜上布满雾滴。湿度不够可采取地面洒水的方法进行；嫁接后3天必须把湿度降下来，但也要保证75%以上的湿度。每天都要放风排湿，防止苗床内长时间湿度过高造成烂苗问题；不要让水滴抖落在苗上，小拱棚要做成拱圆形。苗床通风量要先小后大，以通风后嫁接苗不萎蔫为宜，嫁接苗发生萎蔫时要及时合严棚膜。在通风时间上，要先早、晚，渐至中午，嫁接苗不萎蔫可以撤掉小拱棚，全天通风进行正常管理。

3. 光照管理 遮荫管理：嫁接头3天要求散射光照。白天用遮荫网覆盖小拱棚，避免阳光直射苗床。嫁接后头3天要以遮荫为主，上午10时至下午4时都要进行遮荫，早、晚适当见光；嫁接后3～6天，见光和遮荫交替进行，避开中午光照强的时候见光；逐渐加长见光时间，如果见光后叶片开始萎蔫时及时遮荫；以后随嫁接苗的成活，中午要间断性地见光，待植株见光后不萎蔫时去掉遮阳网，10天后去掉小拱棚转入正常管理，在去除嫁接夹的同时，及时抹除砧木上萌发的枝蘖，当植株长至4～5片真叶后就可以进入定植。

四、黄瓜嫁接育苗技术

黄瓜采用嫁接技术主要是解决黄瓜在设施生产中枯萎病的发生，同时可提高黄瓜抗寒、抗高温和抗旱的能力。

（一）品种选择

1. 砧木品种 选用砧木嫁接亲和力高、抗寒、耐高温，根系生长旺盛，吸水吸肥能力强，嫁接后不影响黄瓜品质的品种。如云南黑籽南瓜、京砧5号、绿洲天使、白籽南瓜等，是当前生产上黄瓜嫁接应用最普遍的砧木品种。另外，用隔年的种子，其发芽率较高，当年和2年以后的种子发芽率会大幅度下降。

2. 接穗品种 应选抗病、丰产、优质品种。北京地区主要以中农16、中农26、津优35、津优36品种为主。

（二）种子处理

1. 南瓜种子 每667平方米用种量1.5千克。种子先放入55℃～60℃热水中烫种10分钟，并不停地搅拌使受热均匀，待温度降至30℃后继续浸种8小时，然后将种子搓洗干净，除去表面黏液,放入28℃～30℃条件下催芽,早、晚用30℃温水淘洗1次,芽长1～2毫米时播种。

2. 黄瓜种子 每667平方米用种量150克,将种子先在凉水中泡15分钟,捞出再放入55℃热水中保持5分钟,并不停搅拌,待温度下降后浸种4～6小时,然后包在纱布中放入干净容器(不能有油渍),在28℃～30℃条件下24小时后种子露白即可播种。

(三)苗床准备

冬季嫁接育苗在温室中进行,必须在有炉火加温的条件下进行,并铺设地热线,保证育苗时期的温度要求;夏季育苗在大棚中进行,要有遮荫降温设施。苗床最好选用育苗盘,砧木营养土选用1/3充分腐熟的厩肥、2/3无病原物熟土,混合过筛后作培养土,每立方米培养土中加三元复合肥1.5千克,磷酸二铵1千克,再均匀掺入50%多菌灵80克。

(四)播种嫁接方法

1. 靠接法 先畦播黄瓜,5～10天后播南瓜。南瓜播在营养钵中。钵中的营养土可放7成高。2～3天南瓜出苗,约10天南瓜长至1叶1心开始嫁接。

嫁接前要先做一个竹签,竹签用竹片削成,柄部为片状,最尖端为圆柱形,在尖下部竹片光滑面削成刀刃。嫁接时先用竹签刀刃部或用刀片将南瓜生长点从子叶处去掉,用竹签尖将2片子叶基部的侧芽处划一下,以免长出侧芽。在南瓜生长点下0.5厘米处用刀片向下切约1/2茎直径的斜口。黄瓜是将生长点下1.5厘米处向上切2/3茎直径的斜口。黄瓜、南瓜切口的斜面长度约1厘米。将二者切口对插吻合。用嫁接夹夹在接口处,再向营养钵内放些床土,将黄瓜根系盖上并浇足水,进入嫁接后期管理。10天后用刀片断去黄瓜根,去掉夹子。

2. 贴接法　是在南瓜出苗后播种黄瓜。具体操作方法是：刀片紧贴砧木的一片子叶向下斜切，要一刀劈下，切面要平滑，切面长0.6～0.8厘米。在接穗子叶下方1.5厘米处斜切，方向自上而下，切面要与砧木的切面相吻合。将切好的接穗贴靠在砧木上，用嫁接夹子夹好。嫁接后及时将接好的瓜苗放入小拱棚内，用75%百菌清可湿性粉剂1 000倍液喷施嫁接瓜苗，预防苗期病害。

（五）嫁接后的管理

培育嫁接苗嫁接后，应将嫁接苗放置于温暖湿润的苗床中，冬、春季育苗最好在有加温设备的营养杯苗床上。床温保持25℃，空气相对湿度95%以上，前3天还要遮荫。3天后要视接口愈合情况和天气状况逐渐见光和通风，逐渐降低床温和空气相对湿度。经过10天左右，嫁接苗即可成活。采用靠接法的将已经成活的嫁接苗在接口下面剪断黄瓜的胚轴，在接口上面剪断南瓜胚轴。黄瓜胚轴剪断后2～3天内，中午嫁接苗可能出现暂时的萎蔫，可以用遮阳网遮荫几个小时。以后的管理和普通育苗相同。

（六）黄瓜嫁接注意事项

1. 提早播种　嫁接黄瓜有个缓苗过程，南瓜根系耐低温可早定植，故要早播10天左右，否则影响早熟。

2. 乙烯利处理　嫁接缓苗要求的温度偏高，使黄瓜坐瓜节位上升，瓜数少。因此，需要用乙烯利处理降低坐瓜节位和增加坐瓜数。方法是黄瓜长至1～2片真叶时，用100毫克/千克乙烯利喷叶，1周后再喷1次。此外，要特别注意若是一代杂交黄瓜种，就不宜用乙烯利处理，因为它本身的结瓜性很强，处理了反而会出现花打顶现象。

3. 尽量采用生态防治霜霉病　嫁接基本根治了枯萎病，但对其他病害和霜霉病等得不到直接防治，故要采取生态防治，采用四段变温管理，创造一个不适宜霜霉病发生的温度、湿度条件，再配合药剂综合防治。

4. 增施复合肥 嫁接可多年连作，但往往导致土壤营养比例失调，某些营养缺乏。故要多施腐熟的农家肥、复合肥。

五、冬瓜嫁接育苗技术

（一）品种选择

1. 砧木品种 目前比较好的砧木品种是杂交的白籽南瓜和褐籽南瓜，如绿洲天使、掘金龙等。

2. 接穗品种 选择抗病、优质、高产、商品性好且适合市场需求的小冬瓜品种作为接穗，如串铃4号、串铃8号、米可丰等。

（二）苗床的准备

冬瓜在冬、春季嫁接育苗时必须在有炉火等加温条件下进行，以保证瓜苗对温度的需求。一般苗床长6米，宽1.2米，深15厘米。砧木营养土选用50%草炭、50%肥沃园田土（必须是近年未种过瓜类的），每立方米基质加三元复合肥1千克、50%多菌灵100克，充分混合后装入8厘米×8厘米的营养钵中。接穗使用平底穴盘直接装入沙土即可。

（三）播期的确定

北京地区春温室、大棚冬瓜的定植期一般在2月中旬至3月中旬，根据定植期确定砧木和接穗的播种期。因接穗较砧木发芽慢，采用劈接或贴接法，要先播接穗后播砧木，接穗较砧木提前播种5～7天，一般温室接穗播种日期为12月下旬，砧木的播种日期为翌年1月初。大棚接穗播种日期为1月下旬，砧木的播种日期为2月初。

(四)浸种催芽

接穗种子用温水浸泡12～14小时,然后在25℃恒温条件下催芽3～4天。砧木用温水浸泡种子6～8小时,然后在25℃恒温条件下催芽1～2天。接穗种子每667平方米用量250克,砧木种子每667平方米用量700克。种植小冬瓜一般每667平方米需要嫁接苗2 800～3 000株,因此可按照3 500株育苗。

(五)播 种

播种前苗床浇透水,接穗播在平底穴盘中,砧木播在营养钵中,用手指按下1厘米深,种芽向下平放,上面覆盖营养土,再用手背拍按一下。

(六)苗期管理

砧木生长速度快,对温度要求不高,管理上应注意防止徒长,避免形成高脚苗。砧木出土前的温度为白天28℃～30℃,夜间16℃～18℃。出苗后及时降温,白天为22℃～25℃,夜间15℃左右。接穗生长要求的温度较砧木高3℃～5℃。

砧木1～2片真叶时,即砧木第一片真叶展开,第二片真叶出现(日历苗龄一般为15～20天时),接穗真叶刚刚出现时即可嫁接。嫁接前准备好遮阳网、托盘、小喷壶、刀片、小夹子、清水、消毒药剂等工具。

(七)嫁接方法

嫁接应选晴天在遮光下进行,多采用贴接法。该法具有操作简单、嫁接速度快、苗龄短、成活率高等优点。

具体操作方法是:刀片紧贴砧木的一片子叶向下斜切,要一刀劈下，切面要平滑，切面长0.6～0.8厘米。在接穗子叶下方1.5厘米处斜切，方向自上而下，切面要与砧木的切面相吻合。将切好的接穗贴靠在砧木上，用嫁接夹子夹好。嫁接后及时将接好的瓜苗放入小拱棚内，用75%百菌清可湿性粉剂1000倍液喷施嫁接瓜苗，预防苗期病害。

(八)嫁接后的管理

1. 温度管理 白天室内温度为25℃～30℃，最高不能超过32℃，夜间温度15℃～18℃，不低于15℃，阴雪天气通过增加添煤次数等措施维持棚温。为使伤口快速愈合，必须保证室内温度。

2. 湿度管理 为保证伤口愈合，嫁接后3天内小拱棚内空气相对的湿度要保持在95%以上，在营养钵浇足底水的基础上，如果湿度不够则采用地面洒水的方法保证湿度。第四天起逐渐降低湿度，空气相对湿度保持在90%左右。

3. 遮荫管理 嫁接1～3天，基本上不见光，最好使用遮阳网覆盖。从第四天开始，早晨、夜间让苗床接受短时间的弱光照，全天间断性累计见光2～3小时，5～6天全天间断性累计见光4～5小时。以后可逐渐延长见光的时间，光照时间以瓜苗不发生严重的萎蔫(叶柄不下垂)现象为标准。看接穗心叶开始生长，小苗见光不打蔫即可撤掉遮阳网，进入正常管理。嫁接10天后，撤掉小拱棚膜。

(九)成活后的管理

嫁接后10～12天，嫁接苗进入正常管理阶段，去掉嫁接夹，白天温度为25℃～30℃，夜间在15℃左右。及时抹掉砧木侧芽，预防苗期病害的发生。定植前一周低温炼苗，白天温度为20℃左右，夜间为10℃左右。嫁接苗4～5片真叶时可以定植。

第三章　瓜类、茄果类蔬菜整枝、换头技术

在蔬菜生产过程中，瓜类、茄果类蔬菜通过整枝可以有效地调整植株营养生长和生殖生长的平衡，延长生育期，是增、产增收关键环节之一。

一、嫁接黄瓜整枝技术

（一）去除砧木南瓜的侧芽

在高温、高湿条件下，黄瓜嫁接苗的砧木南瓜生长点处易生出新的侧芽，在发现后应及时去除，防止其争夺养分。

（二）吊　蔓

黄瓜嫁接苗定植后，在植株长至 15 厘米、有 6 片真叶时开始吊蔓。用尼龙绳一头系住钢丝，另一头系在黄瓜苗上。注意最好拴成活结，也可以用嫁接夹，方便以后落蔓。

（三）掐除卷须

棚室栽培的黄瓜，卷须比雌花出现得早，易与雌花争夺养分，尤其是顶部的卷须更易争夺养分。另外，卷须也给整枝、吊蔓等操作增加难度，故在时间允许的条件下应及早掐除。

（四）侧枝的去留

对于瓜秧下部长出的侧枝，可以视情况做出相应的处理。若茎蔓粗壮，每节都有侧枝，且侧枝上有雌花，可以保留 1～2 个侧

枝，每个侧枝上留1～2片叶，留1个雌花，然后去除侧枝生长点。若茎蔓细弱，侧枝全部去除，然后视植株长势进行不同处理。

(五)花打顶处理

由于低温使营养失调或植物激素处理不当出现瓜打顶现象，应去除植株顶部大量瓜纽，提高棚内温度，并及时叶面喷施0.3%磷酸二氢钾溶液，或丰收1号800倍液来以平衡营养生长和生殖生长。待新叶长出后进入正常管理。

(六)绑蔓或落蔓

黄瓜进入抽蔓期后，生长迅速，在每2～3天掐除1次卷须后，还要相应地落蔓。落蔓时打开植株下部尼龙绳活结，把茎蔓落下50厘米左右时再系好。一次性落蔓不要太多，最好使叶片分布均匀，不相互遮挡，落蔓后地上部分留12～14片叶，其余下部叶片应及时全部除掉。在绑蔓的同时，注意把长势较旺的瓜秧适当下缩，适当减弱其生长势。把长势较弱的瓜秧落蔓少些，促进生长。要保持瓜秧高度一致，便于以后管理。

二、冬瓜整枝技术

(一)地爬冬瓜整枝

冬瓜节上易生不定根，爬地冬瓜当蔓长至33～66厘米时，使枝蔓均匀分布畦面，用土压1次蔓，以后每隔3～4节压1次，压蔓2～3次，促使蔓节生不定根，以增加吸收肥水能力，并可防蔓被风吹动，引起落花隐果。压蔓的土块不能压在雌花节上和顶端，必须离开顶端5～6节。压蔓的土块不要在瓜畦上取，否则会使畦面坑坑洼洼，容易积水而造成烂蔓、烂瓜。压蔓一般每隔15天左右1

次，直到瓜蔓铺满畦面。

（二）大棚搭架冬瓜整枝

大棚冬瓜由于密度较高，一般以主蔓结瓜为主。搭架冬瓜一般采用单蔓整枝仅留主蔓，及时去除侧蔓，当蔓长70厘米以上时，每株插一竹竿（吊绳），先将瓜蔓伏地绕竿1圈，用土块在蔓节上压住，促使生长不定根，增加吸收肥水能力，后将蔓的上部引上架绑住，隔30厘米绑蔓1次。小型冬瓜，早熟，结果早而多，每株留瓜2～4个；大型晚熟种，每株留瓜1～2个，结大瓜。主蔓23节以内的第一雌花坐果率低，发育不良，不易长大瓜，一般宜留主蔓第二或第四瓜（23～25节），则瓜最大，产量最高。

（三）摘心与打杈

坐果前摘除全部侧蔓，坐果后留2～3条侧蔓，让其生长至2片真叶时打顶，留第一、第二雌花坐果可提前上市。若欲留大瓜上市，应选择30节左右坐果。瓜坐定后，留15～20片健全叶后打顶。

三、丝瓜整枝技术

棚室丝瓜管理与露地丝瓜管理不同，由于棚室栽培密度大植株需要整枝管理。当植株长至13～14片叶时应及时吊蔓，长至18～20片叶时打掉生长点和所有侧枝，当顶端侧枝长出3～4片叶出现雌花时再把侧枝打顶，如果瓜在顶端打顶时要在瓜的上方留1片叶再打顶，每株瓜秧同时只能留1～2条瓜，以后以此类推。随着茎蔓的生长，要不断将茎蔓下落将其盘在基部。落秧后应及时打掉病叶和黄叶，正常的叶片可以保留。

四、番茄整枝技术

棚室(温室、大棚)冬季、早春栽培,棚内湿度大、通风差、光照弱,要想控制番茄徒长,预防病害发生,促进花蕾及果实发育,获得较高的产量,合理整枝是一项关键技术。对番茄进行整枝可以控制病害发生、提高坐果率、提早成熟、增加单果重、提高果实整齐度,使果实发育及着色良好,可明显增加产量和改善品质。

(一)单干整枝法

单干整枝法是目前番茄生产上普遍采用的一种整枝方法。进行单干整枝时每株只留1个主干,把所有侧枝都陆续摘除,主干也留一定果穗数摘心。打杈时一般应留1～3片叶,不宜从基部掰掉,以防损伤主干。留叶打杈可以增加营养面积,促进植株生长发育,特别是可促进杈附近的果实生长发育。摘心时一般在最后1穗果的上部留2～3片叶,否则这一果穗的生长发育将会受到很大影响,甚至落花落果或发育不良,产量、品质明显下降。单干整枝法具有适宜密植栽培、早熟性好、技术简单等优点,缺点是用苗量较大,提高了成本,且植株易早衰,总产量不高。

(二)双干整枝法

双干整枝法是在单干整枝法的基础上,除留主干外再选留一个侧枝作为第二主干结果枝。一般应留第一花序下的第一侧枝,因为根据营养运输由“源”到“库”的原则和营养同侧运输原理,这个主枝比较健壮,生长发育快,很快就可以与第一主干平行生长、发育。双干整枝法的管理分别与单干整枝法的管理相同。双干整枝可节省种子和育苗费用,植株生长期长,长势旺,结果期长,产量高,其缺点是早期产量低且早熟性差。

(三)改良式单干整枝法

在主干进行单干整枝的同时,保留第一花序下的第一侧枝,待其结1～2个穗果后留2～3片叶摘心。改良式单干整枝法兼有单干整枝法和双干整枝法的优点,生产上值得推广。

(四)三干整枝法

在双干整枝的基础上保留第一主干第二花序下的第一侧枝或第二主干第一花序下的第一侧枝作第三主干,这样每株番茄就有了3个大的结果枝。这种整枝法在栽培上很少被采用,但在番茄制种中有所应用。

(五)摘心换头整枝法

当主干第四花序开花后,基部留2～3片叶摘心。主干就叫第一结果枝,保留第一结果枝第一花序下的第一侧枝作第二结果枝。第二结果枝第三花序开花后,在其上留2～3片叶进行摘心。每株番茄可留4～5个甚至更多的结果枝。对于樱桃番茄等小果型品种,也可采用6穗摘心换头整枝法,但应用这种整枝法要求肥水充足,以防植株早衰。

五、茄子整枝技术

(一)单干整枝

在茄子每次分杈时,都去除弱分枝,保留强分枝,植株生长期始终保持1个结果枝。适用于大密度保护地栽培。

(二)双干整枝

在茄子植株第一次分杈时,保留2个分枝同时生长,以后每次分枝时只保留1个分枝而去除另1个分枝,使植株整个生长期保留2个结果枝。

(三)自然开心整枝法

属于双干整枝法,即在每层分枝处保留斜向生长或水平生长的2个对称枝条,对其余枝条尤其是垂直向上的枝条一律摘除。整枝时期是在门茄坐稳后,将门茄以下所发生的腋芽全部打去。

(四)换头再生整枝

在对茄和四母斗茄坐稳后将其下部的腋芽全部摘除,以便能使营养集中供给果实发育的需要。四母斗茄以后除了及时摘除腋芽,还要及时打顶摘心。待四母斗茄收获后割掉门茄上部所有枝条,待侧芽长出后每株茄子只留1个侧芽,加强肥水管理,等侧芽长成植株后按上述整枝技术进行常规管理。此方法适用于露地和保护地生产。

(五)吊　枝

采用单干或双干整枝需要吊枝,主要效果是让选留的枝干在温室内均匀分布,保持田间良好的透光性,同时让枝条向上生长,避免坐果后果实将枝条压曲。

(六)打老叶

茄子的老叶易发病,要及早摘掉,发病严重的叶片也要及早打掉。打叶时要用剪刀从叶柄的基部留下约1厘米长的叶柄将叶片剪掉,不能紧靠枝干劈下叶片,以避免劈裂主茎以及留下的伤口染病后直接伤害枝干。

六、青椒整枝技术

(一)甜椒整枝

主要适用彩椒和长势强的大型椒。

1. 2杈整枝 去掉门椒后,植株仅保留2个长势旺盛的侧枝,在每个分枝处均保留1个果实,其余长势相对较弱的侧枝和次一级侧枝全部去掉。这种整枝方式适于长期高架栽培或高温季节栽培采用,并且仅能在那些长势很旺盛、坐果率高的品种上应用。如紫晶、橙水晶等。

2. 2+1整枝 与2杈整枝相似,不同点是在第一节分杈时,保留1个坐住果的侧枝,并在果实上部保留2～4片叶后掐尖。以后随着植株不断分杈,需要不断进行打杈,始终保持整个植株留有2个主要侧枝不断向上生长。此法比2杈整枝多留1个坐住果的侧枝,可稍微提高前期产量,并能适应长期高架栽培,如秋冬茬日光温室栽培和一年一大茬日光温室周年栽培等。

3. 2+2整枝 去掉门椒后,当对椒坐住时,在对椒上面保留2个长势健壮的主要侧枝,其余2个相对较弱的次一级侧枝在坐住的果实上部留2～4片叶掐尖。以后不断进行打杈,始终保持整个植株留有2个枝条不断向上生长。这种整枝方式前期产量很高,但是中期果实会受到影响。比较适合栽培期短,要求前期产量较高的栽培方式,如冬春茬日光温室、春大棚栽培、秋大棚栽培和秋冬茬日光温室栽培等。

4. 3+1整枝 去掉门椒后,当对椒坐住时,保留3个长势健壮的主要侧枝,另外一个侧枝保留1个果实,果实上部留2～4片叶掐尖。以后及时去除侧枝,始终保留整株留3个主枝不断向上生长。此种整枝方式单株结果数较多，但如果肥水管理跟不上容易出现果实偏小和畸形果。因此，生产上如果采用此方法必须严格水肥管理，以保证果实正常膨大和着色均匀。此种整枝方式比较适用于温、湿度适宜的季节，如春大棚、秋冬茬日光温室以及秋大棚栽培等。

5. 4干整枝 去掉门椒后，对椒上面保留4个健壮枝条，使其不断生长，其余次一级侧枝均掐掉。这种方式比3+1整枝留果更多，更容易出现畸形果和小果。所以，采用这种整枝方式的，肥水管理一定要跟上，一般在温度较高的季节采用这种方式比较合适，如秋大棚栽培。

(二)辣椒整枝

1. 去老不去新 即把植株下部老叶、病叶、黄叶和残叶摘除，保留植株中上部有效叶，一方面可减少植株营养消耗，另一方面可防止病害发生。

2. 去弱不去强 即把细弱的主枝去除，保留壮旺的主枝。一大茬辣椒栽培在中后期，植株比较高大，枝叶相互遮挡，需按照上述整枝打杈原则，变四主枝为三主枝，从而减少养分消耗，保证植株正常生长。这种方法主要针对保护地栽培。

3. 注意事项 一是由于病毒病可通过人为整枝打杈接触传播，故需单独“对待”病毒病植株。二是在整枝打杈过程中，发现病果、病叶或病秆时，要及时处理。

第四章 不同生产方式茬口安排技术

蔬菜的茬口安排是蔬菜生产关键环节之一，茬口安排是否合理会直接影响蔬菜产量和收入。本章主要是介绍北京地区温室和大棚的蔬菜生产茬口安排。

一、温室茬口安排

(一)一年一大茬

表 7 温室一年一大茬安排

品 种	播种期	定 植	定植密度	收获期
番 茄	7月下旬至8月中旬	8月中下旬至9月中旬	换头 2600～3000株 落秧 1800～2200株	11月上旬至翌年6月份
茄 子	7月中旬至8月上旬	8月底至9月中旬	1500～1700株	11月份至翌年5月份
黄 瓜	8月中旬至9月下旬	9月中旬至10月下旬	3000～3500株	10月中旬至翌年6月份
丝 瓜	8月中旬	9月上旬	3000～3500株	10月上旬至翌年9月份
甜椒、辣椒	7月中旬	8月中旬	2200～2500株	10月份至翌年5月份

(二)一年二茬

1. 早春茬番茄→秋冬茬果类菜、叶类菜 番茄于12月下旬至翌年1月上旬播种,2月中旬至3月上旬定植,每667平方米定植2 800～3 000株,5月底至6月上旬结束。秋冬茬安排见表8。

表8 秋冬茬茬口安排

品种	播种时间	定植时间	种植密度	结束时间
番茄	7月中旬至8月中旬	8月中旬至9月中旬	2800～3000株	春节前结束
黄瓜	8月下旬至9月中旬(嫁接)	9月下旬至10月下旬	3000～3500株	春节前结束
茄子	7月中旬	8月下旬	1500～1700株	春节前结束
青椒	7月中旬	8月下旬	2300～2500株	春节前结束
小冬瓜	8月中旬至9月中旬	9月中旬至10中旬	3000株	春节前结束
西葫芦	8月下旬	9月下旬	800～1000株	春节前结束
芹菜	7月中旬	9月中旬	依品种定	春节前结束
结球生菜	8月下旬	9月下旬	4500～5000株	1月份结束
架豆	9月上旬	直播	4500穴	春节前结束

2. 早春茬黄瓜→秋冬茬果类菜、叶类菜 黄瓜于1月初播种,2月中旬定植,每667平方米定植3 000～3 500株,6月上旬结束。秋冬茬具体安排见上表8。

3. 早春茬茄子→秋冬茬果类菜、叶类菜 茄子于12月上旬播种,翌年2月中旬定植,每667平方米1 500～1 700株,6月上旬结束。秋冬茬具体安排见上表8。

4. 早春茬大椒→秋冬茬果类菜、叶类菜　青椒(包括辣椒)12月中旬至翌年1月上旬播种，2月上旬至3月上旬定植，每667平方米定植2 200～2 500株，6月上旬结束。秋冬茬具体安排见上表8。

5. 早春茬小冬瓜→秋冬茬果类菜、叶类菜　冬瓜于1月初播种，2月中旬定植，每667平方米定植3 000株，6月上旬结束。秋冬茬具体安排见上表8。

6. 早春茬丝瓜→秋冬茬果类菜、叶类菜　丝瓜于1月中旬播种，2月中旬定植，10月上旬收获结束。秋冬茬具体安排见上表8。

(三)一年三茬

1. 早春茬果类菜→秋冬茬接二茬叶菜　早春茬果类菜播种见上述一年二茬果类菜→秋冬茬果类菜、叶类菜见表9。

表9　秋冬茬茬口安排

第一茬秋茬			第二茬冬茬		
品　种	播种期	收获期	品　种	播种期	收获期
小油菜	9月下旬至10月上旬	10月中旬至11月份	小油菜	11月中旬	春节前
菠　菜	9月下旬至10月上旬	10月中旬至11月份	菠　菜	11月中旬	春节前
香　菜	9月下旬至10月上旬	10月中旬至11月份	香　菜	11月中旬	春节前
小芹菜	7月下旬(育苗)	10下旬至11月上旬	小芹菜	9月中旬(育苗)	春节前
茴　香	9月下旬至10月上旬	10月中旬至11月份	茴　香	11月中旬	春节前

续表9

第一茬秋茬			第二茬冬茬		
品种	播种期	收获期	品种	播种期	收获期
茼蒿	9月下旬至10月上旬	10月中旬至11月份	茼蒿	11月中旬	春节前
散叶生菜	8月下旬(育苗)	10下旬至11月份	10月中旬	11月中旬	春节前

注意:各种叶菜相互接茬需根据上述播种期和收获期具体安排

2. 早春果类菜→秋茬叶菜→冬茬白萝卜 ①秋茬叶菜于8月中旬播种,9月下旬收获。注意芹菜、生菜、油麦菜等要提前育苗。②萝卜于9月至10月上旬播种,春节前收获。

3. 早春茬瓜类、茄果类套种苦瓜或丝瓜→秋冬茬果菜或叶菜 春茬定植果类菜的同时种植苦瓜或丝瓜。苦瓜、丝瓜于1月中旬播种,3～4片叶时定植,株距100厘米,行距140厘米,每667平方米栽300～350株。秋冬茬果菜或叶菜参见上述温室1年2茬。

(四)一年多茬

主要是叶菜之间排开播种,连续收获。

二、大棚茬口安排

(一)一年一大茬

此茬主要适用于丝瓜、嫁接黄瓜、樱桃番茄、嫁接茄子等蔬菜(表10)。嫁接茄子在生产过程中春茬结束后要换头再生一次。丝瓜、嫁接黄瓜、樱桃番茄应采取落秧技术。

表 10　大棚一年一大茬茬口安排

品　种	播　期	定植期	定植密度	收　获
丝　瓜	2月下旬	3月下旬	3000 株	11月上旬
黄　瓜	2月上旬	3月下旬	3500～4000株	11月上旬
茄　子	砧木 11 月上旬 接穗 12 月下旬	3月下旬	1500～1700株	11月上旬
樱桃番茄	2月中旬	3月下旬	2000～2200株	11月上旬

(二)一年二茬

主要是指大棚春茬和秋延后茬，品种以果菜为主。在大棚生产茬口安排时可参照表 11 中所列各品种的播种期、定植期，结合实际生产情况相互接茬。

表 11　大棚一年二茬茬口安排

春　茬			秋延后茬		
品　种	播种期	定植期	品　种	播种期	定植期
番　茄	1月中旬	3月中下旬	番　茄	6月下旬至7月上旬	7月下旬至8月初
茄　子	上年 12 月中旬	3月中下旬	茄　子	6月中旬至下旬	8月中旬
大　椒	1月中旬	3月中旬至下旬	大　椒	6月中旬至6月底	7月中下旬至7月底
黄　瓜	2月上旬	3月中旬至3月底	黄　瓜	8月中旬至9月中旬	9月中旬至10月中旬
豇　豆	2月中旬	3月中旬	豇　豆	8月上旬	直　播
冬　瓜	1月上旬	3月中旬	莴　笋	7月下旬至8月上旬	8月下旬至9月上旬

续表 11

春茬			秋延后茬		
品种	播种期	定植期	品种	播种期	定植期
莴笋	1月上旬至2月上中旬	2月中下旬至3月上旬	马铃薯	2月底至3月上旬	直播

(三)一年三茬

1. 春茬果菜→越夏叶菜→秋延后茬果菜 果菜生产安排参见上述列表11,叶菜于7月初播种,8月上旬收获,生育期30～40天,种植品种主要有苋菜、空心菜、散叶生菜、油麦菜、小油菜、小白菜、茼蒿、菠菜等。

2. 春茬黄瓜、马铃薯、莴笋、白菜、白萝卜→越夏番茄→秋冬叶菜 春茬于6月上旬前拉秧;番茄于4月底至5月中旬播种,5月底至6月中旬定植,9月上旬拉秧;叶菜于9月中旬播种,10月底至11月上旬收获,品种多以菠菜、小油菜、小白菜、香菜、茼蒿为主。

(四)二年五茬

主要指当年二茬果菜,越冬加茬耐寒叶菜,翌年再种植二茬果菜。加茬叶菜多为菠菜、香菜、小油菜等耐寒蔬菜。菠菜、香菜 于11月初播种,翌年3月下旬收获;小油菜 于1月上旬播种育苗,2月中旬定植,3月下旬收获。

(五)一年多茬

①待春茬果菜收获后,连续排开种植叶类菜。②一年四季全部种植叶菜。

第五章　蔬菜越夏栽培技术

在炎夏季节，由于高温、高湿使多种露地蔬菜不能或不易生产，因而北方地区每年8～9月份都会出现明显的供应淡季。近年来，随着设施栽培的日益推广，利用大棚进行越夏茬口巧安排，是菜农获取增产、增收的有途径。在生产中关键措施是一定要在棚膜上方加盖遮阳网，或采用盖旧膜，以起到降温的作用。本章主要介绍大棚越夏蔬菜生产技术。

一、越夏菠菜栽培技术

(一)遮　荫

5～7月份播种的菠菜都属于越夏菠菜，在种植越夏菠菜时均需采用遮阴蔽雨的措施。可利用大拱棚膜上加盖遮阳网遮阴降温。最好利用遮阳率60%的遮阳网。安装遮阳网时最好离开棚膜20厘米(降温效果显著)，并卷放方便。在晴天的上午9时至下午4时的高温时段，将温室、大棚用遮阳网遮盖防止强光直射，在阴雨天或晴天上午9时以前和下午4时以后光线弱时，将遮阳网卷起来，这样既可防止强光高温又可让菠菜见到充足的阳光。另外，日光温室前部和通风窗、大棚四周最好安装40目的防虫网(因夏季虫多)，这样既利于通风又防虫。总之，采取遮阴蔽雨措施是菠菜越夏栽培的关键。

(二)选用耐热品种

应选用较耐热的品种，可选用荷兰必久公司生产的K4、K5、

K6、K7,荷兰瑞克斯旺公司125等品种,胜先锋也表现很好。它们的共同特点是较耐热抗病、耐抽薹、生长快、产量高。

(三)栽培方式

日光温室或大棚的土壤为砂壤土时,因易下渗或蒸发,可用畦栽,一般畦宽1.5米,其中,畦面宽1.15米,垄宽35厘米,每畦种9行,行距12厘米,株距2.5厘米,每667平方米用种1.75千克左右。棚室内的土壤为黏质土时,因土壤水分不易下渗或蒸发,最好用起垄栽培的方式,一般50厘米起1垄,每垄种2行,穴距5厘米,每穴点2粒,一般每667平方米用种1千克左右。

(四)肥水管理

菠菜喜肥沃、湿润、有机质含量高的土壤,如在日光温室内种越夏菠菜,因土质肥沃,一般不再施基肥。如在土质不肥沃的新温室或新大棚里,每667平方米可施充分腐熟的鸡粪3平方米左右作基肥。追肥最好用硫酸钾复合肥,砂壤土每667平方米分3次共追施硫酸钾复合肥30千克,随水冲施,根据菠菜的生长量追肥要前少后多。黏质壤土分3次追施硫酸钾复合肥25千克即可。夏季应适时浇水,浇后划锄,划锄既保湿又可防止苔藓生长,这是防病的关键。特别是刚出苗后的中耕至关重要。如果地面长满苔藓,菠菜就会出现严重的死苗和烂叶现象。

(五)病虫害防治

越夏菠菜易发生猝倒病、霜霉病、细菌性腐烂病等病害和白粉虱、美洲斑潜蝇等虫害。一般在播种后第五天(刚出全苗)时用代森锰锌600倍液+霜霉威600倍液喷1次,第十二天再用代森锰锌和霜霉威喷1次,第二十天和第二十八天用霜脲·锰锌600倍液+阿维菌素+农用链霉素各喷1次,第三十五天再用代森锰锌＋霜霉威＋农用链霉素喷1次，这样可控制病害的发生。为预防虫害的发生，有条件的最好安装防虫网或利用黄板诱杀害虫。

二、越夏番茄栽培技术

（一）覆盖遮阳网

播种前在大棚膜上加盖遮阳率60％的黑色遮阳网或盖旧棚膜，把大棚四周全部卷起，离地1.5米高。晴天上午太阳出来后盖上遮阳网，傍晚太阳落后撤去，遇阴雨天可不盖。

（二）选择适宜的优良品种

越夏番茄生产，选用品种是关键。番茄越夏栽培的生长期，正处于高温多雨的季节，应注意选用耐强光、耐高温、耐潮湿、抗病性强的中熟和中晚熟品种。适合夏季大棚生产的品种有蒙特卡罗、硬粉8号、金棚1号、中研988等。

（三）适期播种，培育壮苗

1. 播种时期　越夏番茄的播种时间，是关系经济效益高低的重要因素。如播种过早，开花期正遇高温，难以坐果。如播种过晚，收获推迟，则会影响越冬蔬菜的种植。北京地区越夏番茄育苗最佳播种期应选在4月底至5月中旬，苗龄一般为40天左右。

2. 种子处理　越夏番茄易感染病毒病，必须从种子开始预防。一般用1％高锰酸钾溶液浸种15分钟，也可用10％磷酸三钠溶液浸种20分钟。药物处理后用清水洗净药液，再换上清水浸泡3小时。然后将种子捞出稍晾，再用湿布包好放在30℃条件下催芽，待大部分种子露白，即可安排播种育苗。

3. 育苗方式　既能在大棚内育苗，也能在棚外育苗。棚外育苗,选择地势高、土壤肥沃的地块作苗床。育苗土要尽量选择3年内没种过番茄、辣椒、茄子、马铃薯等茄科作物的生茬地,苗床营养土按腐熟土杂肥3份、鸡粪3份、肥沃土4份,拌匀过筛,并进行土壤消毒,一般每1000千克营养土中要均匀渗入50%甲基硫菌灵可湿性粉剂或50%多菌灵可湿性粉剂80克、2.5%敌百虫可湿性粉剂60克,畦面喷矮丰灵药粉2~4克/米²。将番茄种子撒播在营养钵内,覆土1.5厘米,然后在苗床上支拱架,盖上遮阳网。棚内育苗最好选择穴盘基质育苗,具体育苗方法见蔬菜育苗技术。

4. 苗期管理 ①番茄出苗后及时除草、间苗,保持苗距4~8厘米,盖膜防止暴雨冲刷。②因遮阳网密封,病虫害较少,但为了防止病虫害的发生,苗高3~5厘米时,喷1000倍液1.5%烷醇·硫酸铜乳剂和72%霜脲·锰锌可湿性粉剂600倍的混合液,以防止病毒病和真菌病害的发生。③当秧苗3叶1心时可叶面喷施0.3%尿素和0.2%磷酸二氢钾液,每隔5~7天1次。

(四)整地做畦,施足基肥

进入5月下旬将上茬作物拔秧后,每667平方米施腐熟优质有机肥5000千克,施氮磷钾复合肥每667平方米50千克,深翻25厘米,做成小高畦,要求二畦相距1.4米,准备移栽番茄苗。

(五)适时定植

一般于6月初至6月10日前秧苗达到5~6片真叶时定植。株距35厘米,行距70厘米,每667平方米约栽3000株。栽后浇缓苗水。温度控制在白天26℃~30℃,夜间20℃左右。移栽后一般5~7天即可缓苗,缓苗后中耕1~2次。

(六)田间管理

1. 喷施爱多收 将10毫升2.85%硝·萘酸水剂加水60升,

进行药液喷施，可明显提高抗病性，缩短节间长度，调节营养生长与生殖生长的关系，增加坐果率。

2. 温度管理　7～8月份属高温、多雨季节，大棚越夏番茄应尽量降低棚温，预防病虫害，大棚上风口晴天打开90厘米，棚膜上面加盖遮阳网，雨天要关闭。棚四周底角风口全部卷起距地面1.5米，并用防虫网封闭，利用上、下风口高度差形成空气对流降低棚内温度。

3. 光照管理　棚内光照一般可满足番茄生育期对光照的要求。

4. 肥水管理　番茄苗期需肥量少，每一穗果坐住前，一般不浇水、施肥。当第一穗果长至核桃大小时，结合追肥，可浇1次水，每667平方米追复合肥20千克左右，以后每坐住一层果追肥浇水1次，保持土壤干湿度均匀。另外，每10天叶面追肥1次，可喷光合微肥200倍液，或喷0.3%磷酸二氢钾、尿素，以满足坐果期的肥水需要。

5. 保花保果　大棚越夏番茄开花时气温较高，不利于授粉，一般采用生长激素蘸花处理的方法来提高坐果率，需用防落素、番茄灵、丰产剂2号蘸花保果，每天上午进行。每穗留果3～4个，其余的花果全部疏掉。

6. 整枝扎架　大棚越夏番茄实行单干整枝，侧芽及时去掉，采用尼龙绳吊蔓上架，行距保持大小行，以利于通风透光。

（七）病虫害防治

大棚越夏番茄病虫害主要有：病毒病、早疫病、晚疫病、芽枯病、灰霉病、叶霉病、螨虫和美洲斑潜蝇等。病害可喷甲霜·锰锌、吗胍·乙酸铜。虫害可喷螨虫清、阿维菌素，每7天喷1次，可控制为害。具体防治见蔬菜病虫识别与防治技术。

三、越夏香菜栽培技术

(一)品种选择

宜选用抗热、抗病性强的品种,如莱阳香菜、泰国大棵香菜等。

(二)播　种

一般在6～7月份直播,可接大棚春季提早栽培的黄瓜、番茄、甘蓝、菜花等茬。前茬作物收获后及时灭茬整地,每667平方米施优质腐熟的鸡粪2000千克,尿素20千克,过磷酸钙50千克。耕翻耙细后,做宽1.5米左右的平畦,选用隔年的陈种子,每667平方米用种3.5～4千克。香菜的种子为果实,种皮较坚硬,播种前必须进行种子处理,可用棍棒将种子搓开,分离出种子,然后放在50℃温水中浸泡30分钟,接着用冷水继续浸泡24小时,捞出后用湿纱布包好,置于20℃～25℃条件下催芽,5～6天种子开始露白便可播种。播种时须提前浇水,可撒播,也可条播。撒播后覆0.5～1厘米厚土,条播时沟距10厘米,在早、晚各喷洒1次清水。

(三)田间管理

播种后,每667平方米立即用48%地乐胺乳油200克或33%二甲戊灵乳油100克,对水35～40千克,均匀喷洒地面除草;棚顶保留旧薄膜防雨,在棚外覆盖60目黑色遮阳网,四周不盖,阴天和夜晚可不盖;幼苗有1片真叶时间苗,苗距2～3厘米。5片真叶时定苗,苗距5～6厘米;出苗后,每10～15天,结合浇水,随水冲施一次肥,每次667平方米施三元复合肥5～10千克。为防止香菜体内过量积累硝酸盐,采收前15～20天内严禁追肥。生长期间,注意防治软腐病,叶斑病及花叶病和蚜虫。选用生物农药或低残留的化学农药防治。软腐病为细菌性病害，在发病初期，可选用72%农用链霉素可溶性粉剂或90%链霉素·土可溶性粉剂3 000～4 000倍液防治，隔7～10天1次，连防2～3次。叶斑病为真菌性病害，主要危害叶片，发病初期，喷洒50%多菌灵可湿性粉剂800倍液防治。花叶病为病毒性病害，发病初期喷洒20%吗胍·乙酸铜可湿性粉剂500倍液或混合脂肪酸100倍液，隔7天左右1次，连续防治3～4次。蚜虫在发生前期，用0.65%茼蒿素水剂300～400倍液或鱼藤酮乳油750倍液喷雾防治，用药时要严格遵守农药安全间隔期，采收前杜绝喷药。

(四)收　获

香菜收获期不严格，一般播种至采收为50天左右，可根据市场需求分批采收或一次性采收。采收时，可连头拔起，剔除污泥，注意不要用水冲洗。

四、越夏茼蒿栽培技术

(一)整地施肥

播种前施足腐熟基肥，每667平方米1 500～2 000千克，另加磷酸二铵20～25千克，均匀撒在田内，翻耕耙平做成平畦，要求做成炕面畦，以便旱能浇涝能排，一般畦宽90～150厘米，不能太宽，防止浇水时形成积水，出现死苗现象。

(二)播　种

茼蒿种植主要采取撒播或条播，播种后覆土1厘米左右，耙平镇压。于6～7月份播种。小叶品种适于密植，用种量大，每667平方米2～2.5千克；大叶种侧枝多，开展度大，用种量小，每667

平方米1千克左右。

(三)田间管理

1. 温度 以降温为主,播种前在大棚膜上加盖遮阳率为60%的黑色遮阳网或盖旧棚膜,把大棚四周全部卷起,离地1.5米高。晴天上午太阳出来后盖上遮阳网,傍晚太阳落后撤去,遇阴雨天可不盖。

2. 间苗除草 当小苗长至10厘米左右时,小叶种按株、行距3～5厘米见方间拔,大叶种按20厘米左右见方间拔,同时铲除杂草。

3. 浇水施肥 幼苗出土后开始浇水,浇水时间和次数要灵活掌握,以保持土壤湿润为标准。每次采收前10～15天追施1次速效性氮肥,每667平方米施硝酸钾15千克,尿素8千克左右。

4. 病虫害防治 防治茼蒿病虫害主要从农业防治入手,要合理施肥浇水,避免忽大忽小;温度管理不忽高忽低,创造良好的生态环境,促进植株健康生长,减少病虫危害和农药施用,维护生态平衡。

(四)收　获

当幼苗长至18～20厘米高时,小叶品种采取一次性割收,洗净根部泥土,捆成小把上市。大叶茼蒿收获比较灵活,可一次性采收完,也可以采取1次播种多次采收,收获时留主茎基部4～5片叶或1～2个侧枝,用手掐或小刀割上部幼嫩主枝或侧枝,捆成把上市,隔20天左右掐1次。每次收完及时浇水追肥,以促侧枝萌发。

五、散叶生菜越夏栽培技术

(一)品种选择

选耐热、抗病品种散叶生菜,如美国大速生、意大利生菜、花叶结球生菜。

(二)遮　荫

同其他品种栽培。

(三)播种育苗

1. 播种期　散叶生菜在棚室保护地内可全年随时播种。

2. 播种育苗

(1)做苗床　选地势高地块,冷棚内育苗,要把四周棚卷起,以便通风。露地育苗要插小拱棚覆膜,以防雨水冲刷。做畦时每20平方米苗床,深翻、晾晒、平整后,施有机肥50千克,过磷酸钙5千克,再浅翻耙平做床。

(2)播种及管理　种植667平方米,播种量为25～30克。播种时撒、条播均可,播深为0.5～0.8厘米,播后覆盖细土。播后10天,出现第一片真叶时分苗,按5厘米见方苗距定苗,再浇透水,播后较稀时可不分苗。苗长至4～5片叶,约25天时即可定植。

(四)定植前整地、施肥

选择地势高、土质疏松、土壤平整、肥力均匀的地块,土壤pH值为5.5～8,整地前667平方米施有机肥2000～3000千克,三元复合肥30千克,浅翻耙平做畦。

(五)定　植

最好下午进行,散叶生菜平畦栽培,株、行距20厘米见方。

(六)田间管理

栽后浇足定植水,幼苗缓苗后浇一次缓苗水,以后10天左右浇1水。同时，随浇水进行追肥，每667平方米每次追施尿素10千克。

（七）病虫害防治

此茬生菜易发病害主要是霜霉病和软腐病。霜霉病：发病初期用25%甲霜灵可湿性粉剂400倍液防治，或用75%百菌清可湿性粉剂700～800倍液防治。软腐病：发现软腐病时要及时拔除病株，除撒石灰消毒外，可用100～150毫克/千克的农用链霉素每7～10天防治1次，共喷2～3次，或用90%链霉素·土可溶性粉剂4 000倍液喷雾。常见害虫主要为蚜虫，可用2.5%溴氰菊酯乳油2 000～3 000倍液喷施。

六、越夏油麦菜栽培技术

（一）品种选择

应选择耐热、抗病、优质高产的品种，如香油麦菜。

（二）适期播种

夏播油麦菜适于5月中旬至6月上旬播种，每667平方米需播种子50克，苗龄25～30天，6月中旬至7月初定植。

（三）种子处理

由于夏茬油麦菜育苗期正遇高温、干旱、多雨季节，为保苗齐、苗壮，播前最好采取浸种催芽。先将种子用纱布包裹后浸在凉水中约1小时，然后捞起置于15℃～20℃条件下催芽，2～3天种子露白后即可播种。

（四）栽培管理

应选择地势较高、土质肥沃、通透性好、没有种过菊科作物的地块。施足基肥，每667平方米施优质有机肥5 000千克、磷酸二铵40千克、尿素20千克、硫酸钾20千克。露地育苗，播种后，要在苗床畦上用2米或4米长的竹片搭建小拱棚，再在拱棚上面覆盖一层遮阳网或旧薄膜，以起到防雨降温的作用。整个生长发育期，保持田间湿润，土壤疏松。生长期间需结合喷水追施叶面肥2～3次，一般用0.2%磷酸二氢钾或0.2%～0.5%尿素溶液喷洒。

（五）适期采收

当油麦菜的叶片数达20～25片、株高30～40厘米时，在距地面2～3厘米处进行一次性采收出售。

第六章　蔬菜配方施肥技术

由于蔬菜作物对营养的特异性吸收，肥料残留物的长期积累和营养不均衡，加之大量施用化肥和偏施氮肥等原因，使菜田土壤物理结构发生变化，土壤通透性差，保墒保肥能力下降；化肥施用不合理，加剧了盐分的积累，造成土壤物理性状恶化，次生盐渍化、酸化问题突出，土壤养分有效性降低，作物根系的正常生长受到抑制，造成根系浅，根的生物量少；连作蔬菜的根系往往发育不良，尤其是茄果类、瓜类蔬菜设施栽培连作3年以上，减产幅度高达30%～50%；设施栽培对水肥的依赖程度高，为了追求高产，农民经常大水大肥，造成氮素等养分在土壤中的累积引起土壤碳氮比的持续下降，直接影响了土壤微生物的生存环境，生物种群的自然平衡遭到破坏，最终造成产量严重下降。

一、配方施肥的概念及施肥方法

（一）配方施肥的概念

配方施肥是综合运用现代农业科技成果，在肥料田间试验和土壤测试的基础上，根据作物需肥规律、土壤养分状况和供肥性能与肥料效应，在施用有机肥为基础的条件下，产前提出氮、磷、钾和微量元素的施用品种、用量和比例以及相应施用时期和方法的技术。提出产前的肥料配方，首先要了解种的是什么蔬菜，产量是多少，需要吸收多少养分，土壤能提供多少养分；然后确定施用什么品种的肥料，每一种肥料最适宜的用量等。

土壤除提供氮、磷、钾三要素外，还能提供大部分的微量元素以满足作物生长需要。只有土壤缺少某种微量元素，或者某种作物对某一微量元素的需要特别敏感时，才有针对性地把这种微量元素列入肥料配方中，根据配方来确定配料品种、用量和土壤、作物特性，合理安排基肥和追肥的比例、追肥次数、时期、用量，确定施肥技术。

（二）配方施肥施用量的确定

蔬菜的需肥量受蔬菜种类、产量水平、土壤供肥量、肥料利用率以及气候条件、生产管理措施等许多因素的影响，施肥量的确定，要综合考虑各种因素。实践中，确定施肥量主要通过养分平衡法和田间试验法。

1. 养分平衡法　指作物的养分吸收量等于土壤与肥料二者养分供应量之和。养分吸收量主要取决于产量水平，而确定施肥量要在产前进行。目标产量应根据当地的土壤、气候特点及栽培条件确定。一般情况下，以上一年度的实际产量上浮10%为宜。确定目标产量后，作物养分吸收量可通过下式估算。

作物养分吸收量（千克）＝目标产量（吨）×每吨经济产量养分吸收量（千克）

土壤供肥量一般要通过土壤取样化验来确定。

肥料为作物提供的部分营养要通过施肥来进行。但作物施肥量与肥料养分供应量并不完全相同。作物施肥量的计算公式如下：

作物施肥量＝（作物养分吸收量－土壤供肥量）/肥料利用率（%）

有机肥与化肥同时施用时的计算，即在有机肥和化肥配合施用时，有机肥养分可以抵扣部分施肥量。对于新菜田，考虑到土壤需要快速培肥，一般不做抵扣；对于连续多年的蔬菜田，一般每吨腐熟的有机肥可抵扣纯氮1千克，五氧化二磷0.5千克，氧化钾1千克。

至于微量元素肥料，由于其用量小、投资少，一般不对用量进行严密的计算。对于微量元素相对缺乏的土壤，缺什么补什么。

每667平方米常规用量为:锌肥2～3千克,硼肥1.5～2千克,锰肥2～3千克,铁肥3～5千克。

2. 田间试验法 是配方施肥中的一类方法。其原理是通过简单的单一对比,或应较复杂的正交、回归等试验设计,进行多点田间试验,从而选出最优处理,确定肥料施用量。肥料效应函数法是其中的一种,具体内容如下:

肥料效应函数法采用单因素、二因素或多因素的多水平回归设计进行布点试验,将不同处理得到的产量进行数量统计,求得产量与施肥量之间的肥料效应方式。根据其函数关系式,可直观地看出不同元素肥料的不同增产效果,以及各种肥料配合施用的联应效果,确定施肥上限和下限,计算出经济施肥量,作为实际肥量的依据。

这一方法的优点是能客观地反映肥料等因素的单一和综合效果,施肥精确度高,符合实际情况。缺点是地区局限性强,不同土壤、气候、耕作和品种等需布置多点不同试验。对于同一地区,当年的试验资料不可能应用,而应用往年的函数关系式,又可能因土壤、气候等因素的变化而影响施肥的准确度,需要积累不同年度的资料,费工费时。这种方法需要进行复杂的数学统计运算,一般群众不易掌握,推广有一定难度。

(三)施肥方法

蔬菜施肥根据施用时期的不同可分为基肥和追肥。

1. 基肥 指蔬菜播种或定植前结合土壤耕作施用的肥料。施用方法可分为全园施、沟施和穴施等几种,基肥的作用是为了创造蔬菜生长发育所要求的良好土壤条件,为蔬菜整个生育期供应养分奠定基础。因此,用作基肥的肥料主要是腐熟的有机肥料,各地可因地制宜地选择不同的优质有机肥料品种。除了有机肥料作基肥外,配合施用少量化肥如氮肥、磷肥和钾肥。可以发挥有机肥料与化学肥料相互取长补短、缓急相济的效果，从而增进肥效。

2. 追肥 是在蔬菜生长期间施用的肥料，其目的是及时调节蔬菜不同生育期对养分的需求，争取高产。追肥的主要方法是浇肥水和根外追肥等，另外现代施肥技术，增加了多种先进的施肥方法，如喷施多元肥料、灌溉施肥，以及结合病虫害防治施用农药加施叶面肥，以提高防治效果等。

(1)喷施多元微肥 叶面喷施多元微肥含有蔬菜所需的各种微量元素养分，它不仅能全面补充微量元素养分，而且还体现了养分的平衡供给。对于大量元素氮、磷、钾来说，由于蔬菜对其需要量很大，叶面施肥只能作为土壤施肥的一种辅助措施，而不能代替土壤施肥。

(2)灌溉施肥 是指灌溉和施肥结合起来的一种施肥技术。由于灌溉施肥使肥料随灌溉水进入土壤，使它具有肥效快、易吸收、节约水和肥资源、解决劳动力、保护土壤结构的优点。

(3)根外追肥 植物不仅依靠根部吸收营养，还能通过叶部等地上部分吸收营养，这一现象称为根外营养。把肥料配成一定浓度的溶液喷洒在茎叶上叫根外追肥。叶部吸收养分一般是从叶片角质层和气孔进入，通过质膜而进入细胞内。一般来说，在植物整个营养生长期间，叶部都有吸收养分的可能，但是吸收的强度不同。因为植物吸收养分不仅取决于养分的种类、浓度、介质反应、溶液与叶面的接触时间以及植物吸收器官的年龄，而与植物体内的代谢作用联系更大。

二、蔬菜施肥的特点

(一)施肥的基本原理

配方施肥是以养分归还学说、最小养分律、报酬递减律、同等重要律、不可代替律和因子综合作用律等为理论依据，确定不同的施肥总量和配比为主要内容。

1. 养分归还学说 人们不断地种植农作物，土壤中的矿物质不断地被消耗，最后土壤变得十分贫瘠，因此要施用肥料。首先要完成的工作就是测定土壤中的养分含量，才能配方，依靠施肥把作物吸收的养分“归还”给土壤，确保土壤肥力，使土壤中的营养物质的损耗和归还保持一定的平衡。

2. 最小养分律 木桶效应，即木桶的容量取决于最短的那一块木板，把木桶的容量看成作物的产量，组成木桶的木板看成作物必需的各种营养元素，那么作物产量就取决于土壤中的有效养分相对最小的养分元素。如果忽视了这个最小养分，即使继续增加其他养分，作物产量也难以提高。

3. 报酬递减律 即从一定土地上所得到的报酬，随着向该土地投入的单位劳动和资本的增加而增加，但是随着投入的增加，每单位劳动量或资本量的报酬却在减少，如对土壤中施加肥料，当达到最佳施肥量后，再增加肥料可能会使作物略有增产，甚至达到最高产量，但是经济效益已经减少。

4. 同等重要律 对于农作物来讲，各种元素的作用都是同等重要、不可缺少的，即使缺少的只是一种微量元素，而农作物对这种元素的需要微乎其微，也会影响到作物的生长发育，从而影响作物的产量。微量元素和大量元素都是同样重要的，并不因为需要量少而可以忽略，所以叫做同等重要律。

5. 不可代替律 作物需要的各种营养元素，在作物体内都有一定的功效，相互之间不能替代。作物缺少什么营养元素，就必须施用含有该元素的肥料补充。

6. 因子综合作用律 作物的收成是影响作物生长发育的诸多因子共同作用的结果，而这些因子之间有相互影响。那么，要想获得最大的效益，就要充分考虑起作用的限制因子，协调各种养分并配合使用。

(二)科学施肥的原则

1. 有机肥与无机肥相结合 实施配方施肥必须以有机肥料为基础。土壤有机质是土壤肥沃程度的重要指标。增施有机肥料可以增加土壤有机质含量,提高土壤保水保肥能力,增进土壤微生物的活动,促进化肥利用率的提高。因此,必须坚持多种形式的有机肥投入,才能培肥地力,实现农业可持续发展。

2. 大量、中量、微量元素配合 各种营养元素的配合是配方施肥的重要内容,随着产量的不断提高,在土壤高强度利用下,必须强调氮、磷、钾肥的配合,并补充必要的中量、微量元素,才能获得高产、稳产。

3. 用地与养地相结合,投入与产出相平衡 要使作物—土壤—肥料形成物质和能量的良性循环,必须坚持用养结合,投入产出相平衡。破坏或消耗土壤肥力,意味着降低了农业再生产的能力。配方施肥必须遵循养分归还学说原理,不断补充和提高土壤肥力,才能达到稳产、高产,实现农业可持续发展。

(三)蔬菜作物的需肥规律

蔬菜作物生长发育阶段对营养元素的种类、数量和比例都有不同的要求,这就是作物吸收营养的阶段性。作物吸收养分的规律是:生长初期吸收的数量、强度都较低,随后逐渐增强,至成熟阶段又趋于减弱。作物在营养的吸收上有两个时期对施肥有一定的指导意义,即作物营养的临界期和最大效率期。

1. 作物营养的临界期 作物在生长发育过程中,有一个对某种养分的要求绝对数量并不多但很迫切的时期,这种养分缺少,对作物生长发育所造成的危害,即使以后补施也很难弥补,这个时期叫作营养的临界期。

作物营养临界期多出现在作物的转折时期,但对不同养分,临界期的出现并不完全相同。一般作物生长初期对外界环境条件具有较高的敏感性。从苗期营养来看,种子萌发后的最初几天,应保持适当低的营养水平,避免溶液浓度过高而遭受盐的危害,但幼嫩根系吸收力弱,必须有一定的易于吸收的养分,特别是磷和氮的供应,大多数作物的磷的临界期出现在幼苗期。

2. 作物营养的最大效率期 在作物生长发育的某一时期,所吸收的某种养分能发挥其生产最大潜力的时期,称为作物营养的最大效率期。这一时期,作物表现为生长迅速,吸收养分的能力特别强,如能及时满足作物养分的需要,对提高产量的效率非常显著。但并不是说仅在这一时期供足肥就能获得高产,因为作物营养的各个阶段是相互联系的,彼此影响的,一个阶段情况的好坏,必然会影响到下一个阶段作物的生长与施肥效果。因此,既要注重关键时期的施肥,又要考虑各阶段的营养特点,采取基肥、追肥、种肥相结合的施肥方法,进行合理施肥才能充分满足作物对营养的需要。

根据不同蔬菜作物需肥规律的差异,可将其分为2种类型:第一种类型是蔬菜作物对营养的吸收量随生长而增多,如茄果类、瓜类及豆类蔬菜,在果实形成时需肥最多,吸收的营养几乎有1/2被果实分配。第二种类型主要是根菜类及马铃薯等蔬菜,当地上部旺盛生长时是吸收营养最多的时期,当产品形成时吸收营养数量反而有所下降,因为茎叶中部分营养可以转移到地下部产品器官中去。

(四)制定合理的蔬菜轮作施肥计划

轮作计划的实质是不仅使一季作物增产增收,而且保证在下一个轮作期内,使不同作物增产增收,同时使土壤肥力不断提高的施肥计划。制定轮作施肥计划的原则,必须前后茬兼顾,重点作物施肥与一般作物施肥相结合，还要从土壤肥力实际情况出发，做到用地、养地相结合。制定轮作施肥计划，还要讲究经济效益，不能盲目施肥，单纯追求高产。制定轮作施肥计划必须考虑下列因素：①农作物的计划产量指标是什么；②土壤的自然供肥能力如何；③各种茬口对土壤肥力的影响；④现有肥料的种类、质量和供求量；⑤各茬农作物对肥料的反应；⑥采取什么样的农业技术措施等几个方面。

（五）几种主要蔬菜的轮作施肥方式

第一，不同蔬菜所需要的肥料不同，叶菜类需要氮肥比较多，瓜类、番茄、辣椒等蔬菜需要磷肥比较多，根茎类蔬菜需要钾肥比较多，把它们进行轮作栽培，可以充分利用土壤中的各种养分。

第二，不同蔬菜根的深浅型不同，深根型的茄、豆类蔬菜同浅根型的白菜、葱蒜类蔬菜进行轮作，土壤中不同层次的肥料都能得到充分利用。

第三，不同种类的蔬菜轮作，能够改变病虫害的发生条件，达到减轻病虫害的目的。如粮菜轮作、水旱轮作，可以控制土传病害；种葱蒜类蔬菜之后再种大白菜，可以大大减轻软腐病的发生。

第四，各种蔬菜的轮作年限是不同的。如白菜、芹菜、花菜、葱蒜等在没有严重发病的地块可以连作几茬，同时需要增施基肥。另外，从间隔时间来看，马铃薯、黄瓜、辣椒为2～3年，番茄、茄子、香瓜等为3～5年。

（六）蔬菜生长必需的营养元素

必需的营养元素是指：完成作物生活周期所不可缺少的；缺少时呈现专一的缺素症，当补充它后才能恢复或预防；在作物营养上具有直接作用的效果，并非由于它改善了作物生活条件所产生的间接效果。一般新鲜蔬菜植物含75％～95％的水分和5％～25％

的干物质。在干物质中，组成植物有机体的碳、氢、氧、氮4种主要元素占95%以上。

(七)各营养元素在蔬菜体内的主要作用

碳、氢、氧是构成基本结构物质的基本元素，其功能最基础，作物吸收时主要来自于二氧化碳和水。

1. 氮 是构成生命物质—蛋白质和核酸的主要成分，又是叶绿素、维生素、生物碱、植物激素等物质的组成成分，参与植物体内许多重要的物质代谢过程，对植物的生长发育、产量和品质产生深远影响。

2. 磷 是作物体内重要化合物的组成，如核酸、核蛋白、磷脂、植物激素等生命物质中都含有磷。能加快碳水化合物的合成和运转；促进氮代谢和脂肪的合成，提高作物的抗逆性。

3. 钾 可维持细胞膨压，促进植物生长；促进酶的活化，促进光合作用和光合产物的运输；促进蛋白质、脂肪的形成，增强植物的抗逆性。

4. 硫 是含硫氨基酸、蛋白质和许多酶的组成成分；参与氧化还原反应和叶绿素的形成，活化某些分解蛋白酶，合成某些维生素，形成并保存于洋葱、蒜和十字花科植物中的糖苷油等。

5. 镁 是叶绿素的组成成分，是许多酶的活化剂，参与脂肪代谢和氮代谢。

6. 铁 是形成叶绿素不可缺少的元素，是多种酶的成分和活化剂，是光合作用中许多电子传递体的组成部分，参与核酸和蛋白质的合成。

7. 锰 参与光系统中的希尔反应，影响光合作用和放氧过程，维持叶绿体膜的正常结构，是多种酶的活化剂，调节植物体内氧化还原反应，参与氮的代谢。

8. 钙 是构成细胞壁的重要成分，能稳定生物膜的结构并调节膜的渗透性，是细胞伸长所必需的元素。

9. 锌　能促进吲哚乙酸的合成，是多种酶的组成成分和活化剂，与蛋白质的合成有密切关系，对叶绿素的形成和光合作用有重大意义。

10. 铜　参与光合作用和呼吸作用，参与植物的氮代谢。

11. 氯　参与光合作用，维持细胞中的电荷平衡和膨压，适量的氯有利于碳水化合物的合成与转化，能提高作物的抗病性。

(八)蔬菜作物的需肥特点

1. 需肥量大　蔬菜作物产量高，茎叶及食用器官中氮、磷、钾等营养元素含量均比大田作物高，故与大田作物相比具有需肥量大的特点。

2. 吸肥强度大　蔬菜作物根部的伸长带(根毛发生带)在整个植株中的比例一般高于大田作物，该部位是根系中最活跃的部分，其吸收能力和氧化力强。而且根系盐基代换最高，其根系盐基代换量是根系活力的主要指标之一，蔬菜作物根系盐基代换量也比大田作物高。

3. 多为喜硝态氮作物　多数蔬菜在完全硝态氮条件下，产量最高。而对铵态氮敏感，铵态氮占全氮量超过一定比例后，生长受阻，产量下降。一般情况下，铵态氮在施用中的比例不超过1/4～1/3。

4. 需硼量高　硼在作物体内以无机态存在，而不是以有机化合物存在。一般单子叶植物体内可溶性硼含量比双子叶植物高，其再生利用率高。蔬菜作物多属双子叶植物，所以其需硼量也比较多。

5. 需钙量高　钙在作物体内以果胶酸钙的形态存在，是细胞壁中胶层的组成部分。蔬菜作物需要吸收钙的数量较多。原因是许多蔬菜本身是豆科作物，需钙量大；另一个原因可能是钙能消耗作物代谢过程中所形成的有机酸。

三、主要蔬菜配方施肥技术

(一)黄　瓜

1. 黄瓜的需肥特性　黄瓜生长快、结果多、喜肥,根系耐肥力弱、稀疏松散、根量较少,在土壤中分布较浅,难以利用根层以下的水分和养分。黄瓜对氮、磷、钾三要素的吸收量较大。全生育期需钾最多,其次是氮,再次是磷。

氮对产量的影响最为明显,分期施氮比一次性施氮更有利于增加雌花数量;磷对花芽分化有重要作用,大量分期施磷有利于雌花的产量形成;钾可改善氮的利用率,增加对磷的吸收,促进碳水化合物的合成和转移,也能促进花芽的分化。缺钾时,营养生长和生殖生长都受到影响,若幼苗期氮丰富而钾不足,则雌花会减少;但是钾过多,会抑制对钙、镁的吸收。

黄瓜在播种后20～40小时,磷素的作用格外显著,此时绝不能忽视磷的供应。黄瓜所需氮、磷、钾各元素总量的50%～60%是在结瓜盛期吸收的,叶和果实中的氮、磷、钾三要素含量几乎各半。因此,产量越高,对养分的吸收也就越多,对地力的消耗也越大。黄瓜根系柔弱、易损坏,若肥料浓度过高会发生"烧根"现象,须根不再发展,根端呈现枯黄。严重时,植株的地上部分萎缩、叶小,生长不良。

黄瓜定植后30天氮的吸收量呈直线上升趋势,生长中期吸氮最多,之后逐渐略减。进入生殖生长期对磷的需要量剧增。在结瓜盛期的20多天内,黄瓜吸收的氮、磷、钾量要分别占吸收总量的50%、47%和48%。至结瓜后期,生长速度减慢,养分吸收量减少,其中以氮、钾减少较为明显。

2. 黄瓜生长适宜的土壤条件　黄瓜适宜生长于微酸性至弱

碱性的土壤，对土壤酸碱度要求是中性偏酸为好。黄瓜根系浅、根群弱，黄瓜的根系喜肥又不耐肥，故应选择富含有机质、通透性良好、既能保水又能排水的腐殖质壤土进行栽培。黄瓜在黏土中生育迟缓，生育期长，产量较高。沙土或沙质壤土中，生育早，但易于早衰老化。黄瓜的耐盐性最差。

3. 黄瓜测土配方施肥技术　黄瓜是一种高产蔬菜，结瓜期长，又是浅根作物，需长期满足生长期的营养，应及时分期追肥。

(1)基肥　基肥是黄瓜生长发育的重要养分来源，以有机肥为主，一般每 667 平方米施优质有机肥 3 000～3 500 千克或商品有机肥 500 千克，尿素 5 千克，磷酸二铵 15 千克，硫酸钾 4 千克。

(2)追肥　黄瓜进入结瓜期进行第一次追肥，每 667 平方米施尿素 10 千克，硫酸钾 5 千克，以后每隔 7～10 天结合浇水追施 1 次。整个生育期追肥 8～10 次。

(3)根外追肥　为了补充磷、钾和微量元素的不足，可在结瓜期叶面喷施 0.5%磷酸二氢钾或 0.1%硼砂或多元微肥。

表 12　黄瓜测土配方施肥推荐量　(单位：千克/667 米^2)

基肥推荐方案				
肥力水平		低肥力	中肥力	高肥力
产量水平		2500～3500	3500～4500	4500～5500
有机肥	农家肥	3500～4000	3000～3500	2500～3000
	或商品有机肥	450～500	400～450	350～400
氮　肥	尿　素	5～6	4～5	4～5
	或硫酸铵	12～14	9～12	9～12
	或碳氢酸铵	14～16	11～12	11～14
磷　肥	磷酸二铵	17～22	13～17	11～13
钾　肥	硫酸钾(50%)	4	3～4	2～3
	或氯化钾(60%)	3	3	2～3

续表12

基肥推荐方案						
追　肥	硫酸钾	尿素	硫酸钾	尿素	硫酸钾	尿素
黄瓜进入结瓜期进行第一次追肥，以后每隔7～10天追1次肥	8～9	7～8	7～8	5～6	7～8	3～5

(二)番　茄

1. 番茄的需肥特点　番茄在不同生育时期对各种养分的吸收比例及数量不同。一般随生育期的延长而增加，在生育前期对氮、磷的吸收量虽不及后期，但因前期根系吸收能力较弱，所以对肥力水平要求很高，氮、磷、钾不足，不仅抑制前期生长发育，而且它对后期的影响也难以靠施肥来弥补。在第一穗果开始结果时，对氮、磷、钾的吸收量迅速增加，氮在其中占50%，而钾只占32%；结果盛期和收获期，氮只占36%，而钾已占50%；结果期磷的吸收量约占15%。番茄需钾的特点是从坐果开始，一直呈直线上升，果实膨大期吸收钾量占全生育期总量的70%以上。只是采收后期，对钾的吸收量才稍有减少。

番茄对磷的需要量比氮、钾少，磷可促进根系发育，提早花器分化，加速果实生长与成熟，提高果实含糖量。在番茄所需的养分中，钾的数量居第一位，钾对植物发育，水分吸收，体内物质的合成、运转及果实形成以及着色和品质的提高具有重要作用。缺钾则植株抗病力弱，品质下降。钾肥过多，会导致根系老化，妨碍茎叶的发育。番茄产量高，需肥量大，耐肥能力强，对钾、钙、镁的需要量大。采收期需肥较强，需要边采收、边供给养分。同时注意补充硼。

2. 番茄生长适宜的土壤条件　番茄对土壤条件的要求不是十分严格，为有利于根系的生长发育，应选择土层深厚、排水良好、富含有机质的肥沃地块栽培。番茄对土壤通透条件要求较高，当土壤空气中氧的含量降至2%时，植株就会因缺氧而枯死，因此低洼涝地、土壤黏重的土壤不适宜栽培番茄。砂壤土的通透性好，土温上升快，昼夜温差大，可以促进早熟；黏壤土或富含有机质、排水良好的黏土保水保肥能力强，栽培番茄产量高。

3. 番茄的配方施肥技术　番茄全生育期每667平方米施肥量为农家肥3 000～3 500千克(或商品有机肥400～450千克)，氮肥17～20千克，磷肥，钾肥11～14千克。有机肥作基肥，氮、磷、钾分基肥和3次追肥施用，施肥比例为：2∶3∶3∶2，磷肥全部作基肥，化肥和农家肥混合使用。

(1)基肥　每667平方米施用农家肥3000～3500千克，尿素6千克，磷酸二铵13～17千克，硫酸钾7～8千克(表13)。

表13　番茄配方施肥推荐量　(单位：千克/667米^2)

基肥推荐方案

肥力水平		低肥力	中肥力	高肥力
产量水平		3000～4000	4000～5000	5000～6000
有机肥	农家肥	3500～4000	3000～3500	2500～3000
	或商品有机肥	450～500	400～450	350～400
氮　肥	尿　素	5～6	5～6	4～5
	或硫酸铵	12～14	12～14	9～12
	或碳酸氢铵	14～16	14～16	11～14
磷　肥	磷酸二铵	15～22	13～17	11～15
钾　肥	硫酸钾	7～9	7～8	6～7
	或氯化钾	6～8	6～7	5～6

追肥推荐方案

施肥时间	低肥力		中肥力		高肥力	
	尿　素	硫酸钾	尿　素	硫酸钾	尿　素	硫酸钾
第一穗膨大	9～10	5～6	8～9	5～6	7～8	4～5

续表 13

追肥推荐方案

施肥时间	低肥力		中肥力		高肥力	
	尿　素	硫酸钾	尿　素	硫酸钾	尿　素	硫酸钾
第二穗膨大	12～14	7～8	11～13	6～8	10～12	6～7
第三穗膨大	9～10	5～6	8～9	5～6	7～8	4～5

(2)追肥　第一果穗膨大期每667平方米施尿素8～9千克，硫酸钾5～6千克；第二果穗膨大期每667平方米施尿素11～13千克，硫酸钾6～8千克；第三穗果膨大期每667平方米施尿素8～9千克，硫酸钾5～6千克。

(3)根外追肥　第一穗果至第三穗果膨大期，叶面喷施0.3%～0.5%尿素或磷酸二氢钾或微量元素肥料2～3次。

第七章 蔬菜节水灌溉技术

水是生命之源，是维持生态系统功能和支持地球社会经济发展不可替代的资源。由于农业用水法规的不健全，造成了农民节水意识不强，大水漫灌现象时有发生，水分利用效率不高。传统的施肥管理模式致使肥料的大量浪费，同时对农产品的质量安全和地下水资源造成严重威胁。为缓解水资源紧缺现状，在蔬菜生产中采用农业节水技术十分重要。

一、膜下沟灌技术

膜下沟灌技术是一种节水、节肥、降低湿度、减轻病害、提高蔬菜产量和质量的节水灌溉技术，是目前容易推广的一项节水灌溉技术，与地面灌溉相比可节水 30%左右。采用膜下沟灌技术，是目前在没有滴灌条件下比较适应的灌溉技术，它具有投资少，操作方便、实用、节水、节肥、降低棚内湿度、减少病害发生等特点。

膜下沟灌技术有 2 种栽培方式。①起垄栽培。一般垄高10～15 厘米。每垄的畦面上可以种植 2 行蔬菜，两行之间留一个浅沟，俗称 M 畦。把膜铺在畦面上，两边压紧，浇水时在膜下的浅沟内走水。把植株定植在垄上。②定植沟栽培。在定植沟内栽 2 行蔬菜，定植后把膜铺在定植沟上，以后在膜下浇水。膜下沟灌技术要点如下。

第一，整地开沟。先开沟，将 2/3 有机肥施入作物沟底，合土后将地面再施入 1/3 有机肥（最好用旋耕机旋耕），挑小沟呈“M”形状，沟深 25 厘米左右，沟宽按种植的作物而定。一般黄瓜，平均株距 25 厘米，行距 65 厘米，密度 4 100 株/667 米^2。番茄，均株距

30～45厘米，行距65厘米，密度3 000～2 300株/667米^2。

第二，覆膜。将竹劈盘成与M畦大小的半圆拱状（有条件的可用φ4毫米不锈钢丝或铁丝）插在M畦上，把地膜撑起，再把0.008毫米白色地膜或黑色地膜铺在做好的M畦上，将秧苗定植在M畦沟顶上，在沟内浇水。

第三，浇水。在M畦的一头开一小水沟或用水管将水引入M沟内灌溉，每次灌溉每667平方米灌水量可控制在10～20立方米，既省水又可降低棚内湿度，特别是早春定植，少浇水可提高地温，使秧苗提早缓苗，同时减少病害的发生。在作物提苗、坐果期，需追肥时将追施的肥料随水冲施在M沟内，按滴灌冲肥的方法，少量多次，面积小了，肥料利用率就高了，据统计，使用M畦膜下沟灌技术冲肥、灌溉果类瓜菜每667平方米可节肥10～12千克，节水50～80立方米。比滴灌略高一点，如果控制得好与滴灌基本持平，是目前没有滴灌条件下节水灌溉的极好方法。

二、膜上沟灌技术

膜上沟灌是将地膜平铺于畦中或沟中，畦、沟全部被地膜覆盖，从而实现利用地膜输水，并通过作物的放苗孔和专业灌水孔渗入给作物的灌溉方法。由于放苗孔和专业灌水孔只占田间灌溉面积的1%～5%，其他面积主要依靠旁侧渗水湿润，因而膜上沟灌实际上也是一种局部灌溉。膜上沟灌形式有开沟扶埂膜上灌、培埂膜上灌、膜孔灌、沟内膜上灌、膜缝灌等多种。膜上沟灌作物有蔬菜、西瓜、玉米、小麦等。地膜栽培和膜上沟灌结合后具有节水、保肥、提高地温、抑制杂草生长和促进作物高产、优质、早熟等特点。生产试验表明，膜上灌与常规沟灌相比瓜菜类蔬菜可节水25%以上。膜上沟灌技术要点如下。

第一，整地做畦。先开沟，将2/3有机肥施入作物沟底，合土后将地面再施入 1/3 有机肥(最好用旋耕机旋耕),将沟底做成圆缺形,或做成弧形,拱高 15 厘米即可。采用浇沟使水向上渗的方法,可节水 30%。

第二,覆膜。将做好的畦面覆膜,一般要求全部覆膜,以防止无效蒸发和滋生杂草。可在浇水沟底预留 10～15 厘米渗水,或将沟底戳洞。

第三,浇水。将瓜苗定植在沟底上部,尤其是在早春可有效地提高地温。灌溉时不要让水没过秧苗根部,每 667 平方米灌水 10～15 立方米即可。

三、节水型畦灌技术(长改短、宽改窄)

随着人们农田节水意识的增强,原有的大水漫灌的灌溉方式也随之改善,特别是砂壤土地区,宽畦大水漫灌现象仍然存在。据统计,在砂壤土地采用宽畦种植大椒每 667 平方米每次灌溉 68 米^3 水,全生育期灌溉 7 次,共计 476 立方米水,造成水源的极大浪费。若将长畦改为短畦、宽畦改为窄畦,成为目前农民改变传统种植模式的重要课题。同样是种植大椒,每 667 平方米每次灌溉 30 立方米,全生育期仍然灌溉 7 次,仅用水 210 立方米,节省 55.9%。

四、隔离槽栽培技术

隔离槽式栽培技术的优点:一是适宜于恶劣的土壤条件如盐碱地、砂土地;二是可避免连作障碍;三是节省养分和水分,一般节水 30%～60%;四是劳动强度小,有利于蔬菜进行工业化生产;五是可作为研究手段。隔离槽栽培节水技术包括隔离槽建设,栽培基质填充和栽培管理技术。

(一)隔离栽培槽建设

可分为永久性的水泥槽、半永久性的木板槽、砖槽、竹板槽等,最好选用砖砌槽,不要砌死。在没有标准规格的成品槽时,可因地制宜地采用木板、木条、竹竿、砖块或泡沫塑料板等建槽。当种植植株高大的瓜果类蔬菜时,槽宽48厘米,可供栽培2行作物,栽培槽之间的距离为0.8～1米。如栽培植株矮小的叶类蔬菜时,栽培槽的宽度可为72～96厘米,两槽相距0.6～0.8米。槽边框高度为15～20厘米。建好槽框后,在其底部铺一层0.1毫米厚的聚乙烯塑料薄膜,以防止土壤病虫害传染和水分的流失。槽的长度可依保护地的覆盖条件而定。槽的坡度最小应为0.4%,其下方垫敷1～2层塑料薄膜,槽内铺放配比基质,布设滴灌软管,栽植2行作物,水肥通过干管、支管及滴灌软管灌滴于作物根际附近。

(二)栽培基质配比

草炭作为基质具有理想的理化性质,但是不可再生的自然资源。根据实际情况,还可以选用无机物质,包括蛭石、珍珠岩、岩棉、沙子、砾石、火山岩、炉渣等;农产品废弃物:玉米、向日葵等秸秆、稻壳等;农产品加工后的废弃物:药渣、炉渣、椰壳、蔗渣、酒糟、棉籽壳等;木材加工的副产品如锯末、树皮、刨花等。采用基施精制有机肥加追施滴灌专用配方肥的营养方式,既成本低廉、使用方便,又能充分发挥隔离式栽培节水增产节肥、避免连作障碍等优点。一般常用的基质材料有草炭、蛭石、珍珠岩、粉碎的作物秸秆、碳化的稻壳、牛粪、煤渣、蘑菇渣等。有机肥采用鸡粪养分含量高的肥料,使用比例为膨化鸡粪6%,腐熟优质有机肥10%,同时每667平方米的基质掺入50千克多元复合肥。常用的基质配方如下。

草炭:蛭石:珍珠岩=2:1:1

草炭∶炉渣＝2∶3

草炭∶玉米秸∶炉渣＝2∶6∶2

玉米秸∶蛭石∶蘑菇渣＝3∶3∶4

玉米秸∶菇渣∶炉渣＝2∶2∶1

(三)栽培管理技术

根据市场需要和茬口安排,确定栽培的作物种类与品种,并确定适宜的播种日期和定植日期。育苗技术及定植后的温湿度管理、植株调整的方法均与一般种植要求相同。育苗时需采用营养钵配置营养土的方法培育壮苗。如隔离槽栽培番茄和黄瓜,在番茄、黄瓜等果菜定植后20天内不必追肥,只需浇清水即可。为获得高产效益,在其后还应追施一定量的化肥,每次每立方米基质的追肥量是:全氮80～150克、五氧化二磷30～50克、氧化钾50～180克,随水滴灌,或将其均匀地撒在距根10厘米以外的周围,随水冲施。每隔10～15天追施1次。水分管理可根据基质含水状况调整每次的灌溉量。一般在定植前一天,应浇足水,使基质达到饱和含水量为准。定植后每天滴灌1次或2～3次,使基质含水量达到60%～85%即可。灌溉水量还需根据天气变化情况、植株大小和生长量进行调整。阴雨天停止灌溉,冬季低温季节可适当减少浇水次数。无土栽培作物一般都在保护地中进行。因此,为获得优质、高产的产品,都要选用耐低温的优良品种,加强保护地温湿度的科学管理,人工增施二氧化碳,及时进行植株调整和人工辅助授粉,或引进熊蜂授粉,按时采收和及时进行病虫害防治等一整套综合措施。隔离槽水分管理采用滴灌系统。

五、膜下滴灌技术

地膜覆盖与滴灌相结合,称为膜下滴灌。膜下滴灌是把工程节水(滴灌技术)与农艺节水(覆膜栽培)两项技术集成的一项农业节水技术,是把滴灌带(毛管)铺于地膜之下,即在滴灌带或滴灌毛管上覆盖一层地膜,同时嫁接管道输水等其他先进技术,构成膜下滴灌系统工程,是一项节水增效的农田灌溉技术。

(一)滴灌技术的适用范围

滴灌技术利用管道将水通过直径约10毫米毛管上的孔口或滴头送到作物根部进行局部灌溉。它是目前干旱缺水地区最有效的一种节水灌溉方式,其水的利用率可达95%。滴灌技术是一种低水头灌溉,它既适合大面积长期种植的高秆作物,如果园、葡萄园的灌溉,也适合蔬菜、花卉等经济作物、大面积农作物以及温室大棚的灌溉;在干旱缺水的地方亦可用于大田作物灌溉,还可用于高扬程抽水灌区及地形起伏较大地区的灌溉,同时在透水性强、保水性差的沙质土壤和咸水地区也有一定的发展前景。

(二)滴灌技术的优点

1. 不误农时,一播全苗 由于滴灌具有灌溉及时的优点,为各种作物在任何墒情条件下抓住农时,保证全苗,提高单产奠定了基础。对大田春播时,只要早春积雪融化后,气温和地温达到种子适合发芽的温度时,不论田间墒情如何,都可播种。对墒情较差的地块先播种后滴水,采用干播湿出的方法,出苗均匀,出苗率高。

2. 节水、节能、省工 在滴灌条件下,灌溉水湿润部分土壤表面可有效减少土壤水分的无效蒸发。同时,由于滴灌仅湿润作物根部附近的土壤,其他区域土壤水分含量较低,因此可防止杂草的生长。另外,滴灌系统不产生地面径流,且易掌握精确的施水深度,非常省水,利用率可达95%。一般比地面浇灌省水30%～50%,有些作物可达80%左右,比喷灌省水10%～20%。滴灌工作压力低,灌溉水利用率高,所以在减少了浇水量的同时,也降低了浇水的能量,这在高扬程灌区效果更明显。滴灌便于自动控制,用来施肥(药),既省肥(药),又节省劳动力,非常方便。

3. 浇水均匀　滴灌可有效控制每个滴头的出水量,浇水均匀度高,一般可达80%～90%。

4. 环境湿度低,病虫害发生率低　滴灌浇水后,根系周围土壤的通透条件良好,通过注入水中的肥料可为作物提供足够的水分和养分,满足作物要求的稳定和较低吸力状态;而浇水区域地面蒸发量小,因而有效控制保护了地面的湿度,大大降低了作物病虫害的发生频率。

5. 增加作物产量、提高产品品质　滴灌技术能够及时适量地向作物根区供水、供肥,为作物生长提供了良好的水分、养分条件,它可以在提高农作物产量的同时提高和改善农产品的品质,使农产品的商品率和经济效益大大提高。

6. 滴灌对地形和土壤的适应能力较强　由于滴头能够在较大的工作压力范围内使用,且出流量均匀,所以它几乎可以适宜于任何复杂的地形,甚至在乱石滩上种的树也可用滴灌。在一定条件下,滴灌还可适应于微咸水灌溉及地形有起伏的地块和不同种类的土壤。

(三)滴灌技术存在的问题

滴灌的主要缺点是投资较高,容易堵塞,由于滴头的流道较小,滴头易于堵塞,对水质要求高。且滴灌浇水量相对较小,容易造成盐分积累等问题。

六、新型地面灌溉技术

地面灌溉自古就有,随着现代化规模经营农业的发展,由传统的地面灌溉技术向现代地面灌溉技术的转变是大势所趋。精细地面灌溉方法的应用可明显改进地面畦(沟)灌溉系统的性能,具有节水、增产的显著效益。高精度的土地平整可使灌溉均匀度达到80%以上,田间浇水效率达到70%~80%,是改进地面灌溉质量的有效措施。

(一)平整土地,设计合理的沟、畦规格

平整土地是提高地面浇水技术和浇水质量,缩短浇水时间,提高浇水劳动效率和节水增产的一项重要措施。结合土地平整,进行田间工程改造,改长畦(沟)为短畦(沟),改宽畦为窄畦,设计合理的畦沟尺寸和入畦(沟)流量,可大大提高浇水均匀度和浇水效率。

(二)改进地面灌溉方式,采用局部灌溉

改进传统的地面灌溉,进行隔沟(畦)交替灌溉或局部湿润灌溉,不仅减少了棵间土壤蒸发占农田总蒸散量的比例,使田间土壤水的利用效率得以显著提高,而且可以较好地改善作物根区土壤的通透性,促进根系深扎,有利于根系利用深层土壤贮水,兼具节水和增产双重特点。大白菜、黄瓜、豆类、茄果类蔬菜都可采用隔畦交替灌溉。结果表明,采用隔沟交替灌溉与传统灌溉相比,甘蓝、绿菜花和大白菜的产量无显著差异,但它们的灌溉水生产效率、单方灌溉水生产效益和单株根干重都显著提高,灌溉水生产效率分别提高29.9%、25.9%和61.8%。

第八章　茄果类蔬菜落花、落果、畸形果防治技术

果类蔬菜在生产过程中由于受气候、人为等因素的影响会经常出现出现落花、落果、畸形果现象，这种现象如果处理不好将会直接影响蔬菜的产量和收入。特别是棚室茄果类蔬菜（番茄、茄子、辣椒）落花、落果现象比较严重，是造成减产的主要因素。

一、落花、落果的原因及防治

（一）温度变化引起的落花、落果

温度过高或过低均会导致花器官在发育过程中形成缺陷而引起落花。一是花期遇低温，特别是夜温低于 12℃，花粉管不能正常生长，易导致受精不正常而落花；开花期高温，特别是夜温高于 22℃也可引起花粉管伸长不良，造成受精异常而落果。二是花芽分化时温度过低使花芽分化不良造成落花、落果。

防止措施主要是：①控制花期温度。番茄日温为 25℃～30℃，夜温为 15℃～17℃；大椒日温为 25℃～30℃，夜温为15℃～20℃；茄子日温为 25℃～30℃，夜温为 15℃～20℃。②合理使用植物生长调节剂保花保果。可以使用用 2，4-D 丁酯蘸花，浓度为 10～20 毫克/千克，涂抹在花柄上，1 花 1 次，或用番茄灵在每朵花序上有 3～4 朵花开放时喷洒，浓度为 20～50 毫克/千克，每朵花处理 1 次，可有效地防止落花、落果。最好用丰产剂 2 号，此激素不但能防落花，而且能刺激果实生长，提高产量，畸形果少。一般为 1 瓶丰产剂 2 号对水 1 升，在花半开时喷。生长素处理时，最好

选择晴天，因为阴天的温度低、光照弱，药液在植株体内运转和吸收慢，易出现药害。同时使用生长素时，要尽量避免药液触及植株嫩梢、嫩叶上，以免发生药害。另外，留种田不能用生长素处理。注意，温度低时使用植物生长调节剂的浓度高，温度高时使用浓度低，以免形成畸形果。

（二）营养失调引起的落花、落果

植株在花芽分化期氮素肥料不能施用过多，如果过多会影响植株对钾元素的吸收，易造成植株徒长引起落花、落果。

防治措施主要是：在苗期、花期要视苗情合理增施一些钾肥。一般情况下苗期可喷 0.2%～0.3%磷酸二氢钾溶液 1 遍，开花期喷洒 0.2%～0.3%硼肥和磷酸二氢钾溶液 2～3 遍，可以有效地减少落花率，促进多开花。

（三）水分不当引起的落花、落果

水分过多或过少均会造成落花、落果。因此番茄在第一花序坐果，茄子门茄坐果，大椒门椒坐果前，一般情况下不浇水，但应及时中耕 1～2 次；在开花结果期土壤湿度要保持在田间最大持水量的 75%以上，但要注意控制空气相对湿度，使空气相对湿度保持在 60%即可，不要过大，目前多采用膜下沟灌方式。

（四）光照不足引起的落花、落果

如果花期遇连阴、雨、雪天或植株本身种植密度过大互相遮阴，会使光合作用减弱，雄蕊萎缩，花粉的发芽率明显降低，从而引起大量的落花。

生产中采取的措施主要是：①在早春和冬季增设反光膜。在温室的后墙上沿东西方向悬挂宽 1.5～2 米长和温室长度相等的银灰色反光膜补光。②棚膜要选择透光性好、无滴、耐老化膜，如日本 PO 膜、聚氯乙烯膜、EVA 膜。最好使用日本 PO 膜，此膜除具有透光性好，无滴，耐老化特点外，还具有不吸灰尘的特点。在使用过程中还要经常打扫棚膜上的灰尘，也可采用在压膜线绑上布条利用风进行除尘。阴、雪天也要及时揭草苫增加光照，但要注意揭草苫时要保持温度不降低。③合理密植。主要是采用合理的株、行距，适时进行整枝打杈，以免植株间互相遮光。建议：番茄留4 穗果每 667 平方米种植 2 800～3 000 株，留 6～8 穗果每 667 平方米种植 2 000～2 200 株，8 穗果以上长架期栽培的为 1 700～2 000 株；茄子每 667 平方米种植 1 200～1 500 株，最多不超过 1 700 株；大椒每 667 平方米种植 2 000～2 500 株。

（五）病虫害侵染引起的落花、落果

在棚室栽培过程中，常因病害侵染引起植株生长衰弱，花器发育不良而落花、落果。如发生病毒病、灰霉病、菌核病、晚疫病后，也易引起落花、落果。另外，烟青虫、棉铃虫蛀果，也易造成落果。主要防治对策有：①改善环境条件，控制植株发病。②及时选用适宜农药进行防治，如在使用植物生长调节剂蘸花保果的同时可以加入 0.1%腐霉利可湿性粉剂，能有效防治因灰霉病侵染而引起的落花、落果。具体防治方法见第十章蔬菜主要病虫害识别防治技术。

（六）培育壮苗，适时定植，合理密植，科学施肥

培育适龄壮苗　适龄壮苗是防病高产的关键。壮苗定植后，缓苗快，抗逆性强，落花少，产量高。冬、春季育苗期间主要是保温为主，白天棚内温度应掌握在 25℃左右，夜间控制在 15℃附近，以防徒长和僵苗。营养钵育苗，番茄苗龄以 65～70 天，茄子以 90～110 天，青椒以 70～75 天为宜；基质穴盘（72 孔）番茄苗龄以 55～60 天，茄子以 90～100 天，青椒以 60～70 天为宜适期定植，过早

易受冻害造成僵苗，定植时要带土，避免伤根，利于缓苗。

科学灌水，控制湿度 棚室番果类蔬菜应及时灌水，及时排湿。浇水宜小水润土，勤浇，忌大水漫灌，尤其忌正开花时浇大水，避免因细胞膨压的突然变化而造成落花。

采取配方施肥技术，科学用肥。基肥应以腐熟的有机肥料为主，一般667平方米施优质粪肥2500～3000千克，并注意将氮、磷、钾肥配合施用，防止偏施氮肥。

具体育苗技术见第一章蔬菜育苗技术。

二、引起番茄畸形果及空洞果的原因及防治

(一)引起番茄畸形果及空洞果的原因

1. 畸形果 常见的畸形果有椭圆果、顶裂果、瘤状果、多心果等。其主要原因：①在低温、多肥(主要是氮肥)、多水分、光照充足条件下，养分过分集中输送到正在分化的花芽中，花芽细胞分裂过旺，心皮数增多，开花后心皮发育不平衡，而形成多心室的畸形果，大的果实或大果型品种更易出现此种畸形。冬季或早春育苗，2叶1心分苗后花芽分化期遇到低温，白天温度低于20℃，夜间温度低于8℃，极易导致果实顶裂畸形现象，要注意苗期保温工作。②幼苗期氮肥过多，根冠比例失调，导致花芽分化不良，也会产生畸形果。③植株老化，营养物质形成少，低温、日照不足，花器及果实不能充分发育，容易形成尖顶畸形果。以上防止措施是在花芽分化的苗期，创造良好的温度和光照，合理的肥水，保证花芽分化正常。此外，特别是在较高温度或温度忽高忽低的情况下植物生长调节剂使用不当也是引起畸形果的主要原因。

2. 空洞果 果实的果肉不饱满，胎座组织生长不充实，种子腔成为空洞，严重影响果实的重量和品质。一是花芽形成时和开

花授粉期，遇低温和光照不足，授粉不良种子退化；二是氮肥施用过多营养生长过旺形成空洞；三是利用激素不当，2，4-D丁酯或番茄灵浓度过大或使用时间过早，也易形成空洞果，应在开花当天或花前1～2天使用，应针对原因采取相应的措施防治。

3. 裂果　果实横裂、顶裂是开花时对花器供钙供硼不足引起的，低温时更严重。肥料过多，日照不良，白天温度过高，即使能充分吸收钙，对花器分配也很少，伴随低温、干燥更不利钙硼的吸收。果实定个后或发育后期，土壤水分供应不均或旱后下雨，也可引起裂果现象。

4. 酸浆果和小僵果　开花时温度、光照等条件不适宜，本来要落的花，经植物生长调节剂处理，抑制了离层的形成，勉强坐住的果实，由于得到的光合产物太少，不能膨大，形成了僵果等。

5. 尖顶果　植物生长调节剂处理过早或浓度大造成的。

（二）番茄畸形果及空洞果的防治措施

从苗期开始着手，加强花芽分化期至开花结果期的保温，改善光照和水分均衡供应，掌握正确的使用生长激素的时间和方法，就能够防治落花、落果和畸形果的发生，达到优质高产高效的目的。具体防治方法见上述茄果类蔬菜落花、落果原因及防治。

第九章　蔬菜营养失调症识别及防治技术

蔬菜生长发育主要是靠各种营养元素的供应，它与蔬菜产量和品质的形成密切相关，供给营养是蔬菜生产上一项重要技术环节和主要成本投资。营养元素不足或过多，都会给蔬菜生长发育带来不良影响，造成产量下降，品质变差，直接影响菜农的经济收入。

一、蔬菜氮素失调症

（一）蔬菜缺氮症

【症　状】　蔬菜早期缺氮一般表现为植株矮小，叶片小而薄，叶色淡而发黄，茎部细长，生长缓慢。缺氮症状首先发生在下部老叶上，而后逐渐向上发展。中后期缺氮往往花芽颜色发黄，叶脱落，果小，木质素含量高。

（二）蔬菜氮肥过剩及防治

【症　状】　蔬菜氮素过剩，会使蛋白质、叶绿素等含氮物质形成较多，不但会以能源的形式消耗较多的碳水化合物，而且使蔬菜体内碳氮比失调，使构成细胞壁的纤维素、果胶相对不足，整个植株表现不健壮的徒长。这种现象发生在花蕾期，由于营养运送规律打乱，幼果的发育受到影响，会发生坐果的障碍。另一方面植株的徒长又使群体过大，相互遮蔽而影响光合作用，也会形成体内碳水化合物不断减少的不良循环。

【防治措施】

1. 培肥土壤 增加有机肥(鸡粪、猪粪、牛粪等)施用量,提高土壤有机质,促进土壤团粒结构的形成,增加土壤供氮能力。

2. 适量多次追施氮肥 对一些土壤地力较薄的沙性土壤、蔬菜生育期长的菜地,氮肥以少量多次施肥,以防氮素流失。

3. 生长旺期重点追施氮肥 在果菜类果实膨大期,结球菜的结球期,叶菜的速长期要重施一次氮肥,果菜类进入采收中后期要特别注意追施氮肥,防治果实采收引起的缺氮。

(三)常见蔬菜缺氮症及防治

【症 状】

1. 番茄 初期老叶黄绿色,后期全株呈浅绿色,小叶,直立;主脉出现紫色,下边叶片尤为明显。开花结果少,果实小。

2. 黄瓜 植株矮小,叶色褪淡呈灰绿色,严重时全株呈黄色,茎细,开花结果少,果实小而短,呈灰绿色或亮黄色和畸形。

3. 大白菜 叶片小,叶色褪淡或呈黄色,无光泽。结球期缺氮,叶片挺立,结球困难、小而不紧实,品质低。

4. 花椰菜 苗期叶小而挺立,叶呈紫红色。结球期缺氮花球发育不良,球小且多为花梗,花蕾少,失去商品价值。

5. 萝卜 地上部生长缓慢,叶色变黄,叶片小而薄。

【防治措施】 对于氮过剩主要是控制氮肥用量,合理地进行氮、磷、钾配合施用。有条件的应进行配方施肥。

二、蔬菜缺磷症及防治

【症 状】 蔬菜缺磷一般表现为生长迟缓,植株矮小、瘦弱、直立,分枝少、果实小,成熟延迟。缺磷植株的叶片小、易脱落、多呈暗绿色、无光泽，有时因叶片中有花青素积累而紫红色。当缺磷严重时，叶片枯死、脱落。症状多从茎部老叶开始，逐渐向上部发展。缺磷影响花芽分化(如黄瓜雌花数量减少)。由于花芽分化延迟，结果晚，有时果实呈畸形。

【防治措施】

1. 提高土壤供磷能力 增施有机肥，增强土壤微生物的活性，加速土壤熟性，提高土壤有效磷。对酸性或碱性过强的土壤，则从改良土壤酸碱度着手。酸性土壤可用石灰，碱性土壤可用硫黄，使土壤趋于中性，以减少土壤对磷的固定，提高磷肥使用效果。

2. 采用保护设施栽培 早春低温可采用地膜覆盖、温室、塑料冷棚栽培，提高温度减少低温对磷吸收的影响。

3. 合理施用磷肥 磷肥施用宜早不宜迟，一般苗床肥或定植前施用，一次施用效果要比多次施用效果好。过磷酸钙常用量为每667平方米施10～15千克，视土壤和蔬菜种类而增减。

蔬菜磷肥过剩，会表现生长期缩短，成熟期提早，在没有充分营养生长的基础时，蔬菜的产量和品质都会降低。磷的过剩常与缺铁、锌、镁等元素相伴，如表现叶片缺绿、不展等。

三、蔬菜缺钾症及防治

【症　状】 蔬菜缺钾，通常表现为老叶叶缘发黄，逐渐变褐，焦枯似灼烧状。叶片有时出现褐色斑点或斑块，但叶片中叶脉和靠近叶脉处仍保持绿色。有时叶片呈青铜色，向叶背卷曲，表面叶肉组织凸起，叶脉下陷。根系受损表现最为明显，根短而小、易早衰，严重时根腐烂，易倒伏。后期果实发育不正常，如番茄出现棱角果，黄瓜出现大头瓜等。

【防治措施】

1. 合理轮作 避免需钾量大的蔬菜种类之间连作。

2. 增施有机肥料　尽可能使由蔬菜产品携出的钾素归还土壤，如提倡净菜上市，将蔬菜的不可食部分尽可能归还土壤，减少土壤钾消耗。

3. 合理施用钾肥　一般每667平方米施用钾肥10～25千克，在钾肥缺乏时，优先用在花椰菜、甘蓝、大豆、番茄等耗钾量大或对钾反应敏感的作物上。

4. 喷叶面肥　在植株需钾较大的时期，如黄瓜膨瓜期、番茄盛果期和大白菜结球期，可用0.2%～0.5%硝酸钾溶液喷施，对蔬菜增产优质有良好作用。

植物在钾肥过剩时，会影响作物对钙和镁的吸收，引起钙镁等营养元素缺乏，植株表现叶子萎蔫、焦枯、植物死亡。

四、蔬菜中量元素失调症及防治

(一)蔬菜缺钙及防治

【症　状】　由于钙是非活动性元素，韧皮部中极少有钙的移动，根系中钙的下移有限，一般幼叶及幼嫩组织上、果实中极易缺钙。表现为植株新生部位如顶芽、根毛生育停滞，萎缩死亡，新叶粘连，不能正常展开，展开的新叶常焦边，残缺不全；植株矮小柔软，节间较短；果实顶端易出现凹陷，黑褐化坏死；严重缺钙时生长点坏死。

【防治措施】

1. 施用腐熟有机肥、基肥补钙　有机肥养分全面丰富，能改善土壤物理结构和化学性状，提高土壤的保水保肥能力，减轻旱害，促进蔬菜对钙等营养元素的吸收。同时，腐熟有机肥能避免对根系造成损伤。一般结合耕地每667平方米施腐熟有机肥2 000～3 000千克，再加入过磷酸钙30～50千克，做到基肥补钙。

2. 合理施用石灰，改土培土 石灰是常用的钙肥，在酸性土壤上施用石灰有利于提高土壤pH值，改善土壤结构，也有利于减轻病害，增加产量和改善品质。石灰的施用量与土壤类型、酸碱度、作物种类有关。一般每667平方米用生石灰或熟石灰40～80千克较为适宜。沙土地石灰用量应适当减少，作改土用时，每667平方米应施150～250千克。

3. 深耕、晒垡、地膜覆盖栽培 深耕、晒垡，充分熟化土壤，改善土壤的物理和化学性状，增强保水保肥能力；采用地膜覆盖栽培，保持土壤水分的相对稳定，减少钙的流失。

（二）蔬菜缺镁及防治

【症 状】 缺镁主要表现为植株矮小、生长缓慢，在叶片上表现得特别明显，首先出现在下部叶片上，然后逐渐向上发展。缺镁时叶片通常失绿，先由叶尖和叶脉间色泽变淡，由淡绿色变黄色再变紫色，随后便向叶基部和中央扩展，但叶脉仍保持绿色，因而形成清晰的网状脉纹。

【防治措施】 ①增高地温和施用有机肥。②测定土壤，土壤中镁不足时要补充镁肥。③可用1%～2%硫酸镁溶液，1周喷2～3次。连续5～6次。

（三）蔬菜缺硫及防治

【症 状】 与缺氮的症状相似，失绿和黄化是其显著特征。与缺氮症状不同的是顶部的叶片失绿和黄化，较老叶片表现明显，有时出现紫红色斑块。一般症状为：植株较矮；叶片细小而向上卷曲，变硬易碎，提早脱落；茎生长受阻，僵直；开花迟，结果少。

【防治措施】 改施含硫的化肥，如硫酸铵、硫酸钾等。

五、蔬菜微量元素失调症及防治

(一)蔬菜缺硼症及防治

【症　状】 花、果、叶、茎等均缺硼是蔬菜作物最为常见的微量元素缺乏症，各种蔬菜缺硼症状表现多样化，植株的生长点、花器官会出现病症，按发生器官不同其特征可归纳如下。

1. 株形缺硼　一些蔬菜作物缺硼，生长点受抑制，节间变短，植株矮化，严重者生长点停滞、甚至死亡，形成枯顶现象，顶芽死亡后促进腋芽萌发而长出新的分枝，这些新发枝的顶芽也因缺硼而萎缩、死亡，分枝上的腋芽再萌发长成新分枝，如此生长点死亡和新分枝形成周而复始，植株呈缺丛状。这在番茄、马铃薯、豆类、留种大白菜等蔬菜作物上较为常见。

2. 叶片缺硼　缺硼的叶片皱缩不平整，扭曲、变厚、变脆，易折断，叶色变深，这些症状在大白菜、菠菜、食用甜菜等叶菜类蔬作物上尤为明显。有些叶片会出现畸形、横裂，如洋葱管状叶僵硬易碎，基部产生阶梯状裂隙。大蒜叶片扭曲，叶面上有横裂。

3. 茎和叶柄缺硼　缺硼的茎和叶柄缩短、变粗、变硬、变脆，严重时开裂，有木栓化现象和水渍状坏死斑，如芹菜叶柄出现褐色纵条，表皮横向裂开、反卷，人们称之茎裂病；大白菜内叶肉质的中肋褐化，干硬龟裂。番茄叶柄和主脉硬化，变脆。甘蓝、花椰菜肉质茎心部褐化、开裂，出现空洞等。

4. 根系缺硼　蔬菜作物缺硼，根系发育不良，主根短，次生根和侧根少；有的根颈以下部分膨大、畸形，根颈附近开裂；根菜类的肉质根常常呈现黑褐色坏死、木栓化和空洞，如萝卜、芜菁肉质根褐心病。萝卜肉质根颈还变得粗糙，呈特有的鲨鱼皮状病变。茎用芥菜常出现空心。

5. 花缺硼 缺硼的花少而小,花粉粒少而畸形,生活力弱,不易完成正常的受精过程,结实率低。大豆缺硼花少而小,甚至不开花。大白菜、甘蓝等留种植株花而不实。花椰菜一旦缺硼,花球小、松散,花球表面有褐色斑块。

6. 果实缺硼 缺硼果实发育不良,甚至畸形,果皮、果肉坏死、木栓化,如黄瓜果实中心木栓化,果皮纵向开裂。番茄果实表面出现坏死的锈色斑,大豆荚少而多畸形。

【防治措施】

1. 施用硼肥 施基肥:可选用硼砂,每667平方米用量多在0.5～2千克,视土壤缺硼程度和蔬菜作物种类而变动,在缺硼土壤上,马铃薯、花椰菜、胡萝卜、番茄等施1～1.4千克;甘薯则施0.5～1千克。土壤施硼应施均匀,否则容易导致局部硼过多的危害。与有机肥配合施用可增加施硼效果。叶面喷施:常用0.1%～0.2%硼砂或硼酸溶液喷施。喷施浓度可因蔬菜种类不同而异,番茄、芹菜等可用0.2%浓度,洋葱用0.1%浓度较好。硼砂是热水溶性的,配制时先用热水溶解为宜。

2. 增施有机肥,防止氮过量 有机肥本身含量在20～30毫克/千克之间,施入土壤后可随有机肥的分解释放出来,提高土壤供硼水平,另外可以提高土壤硼的有效性。同时,要控制氮肥用量,特别是铵态氮过多,不仅影响蔬菜体内氮和硼比例失调,而且会抑制硼的吸收。

3. 水分管理 遇长期干旱,土壤过于干燥时要及时灌水抗旱,保持湿润,增加对硼的吸收。

(二)蔬菜缺锰症及防治

【症 状】 首先在幼嫩的叶片上表现出来。叶片失绿发黄,但叶脉和叶脉附近仍保持绿色,脉纹较清晰。严重缺锰时叶面出现黑褐色斑点,并逐渐增多扩大。有的叶片可能发皱、卷曲或凋萎。缺锰的植株矮小，花发育不良，根系细弱。

【防治措施】　蔬菜对锰比较敏感，缺锰后喷洒锰肥增产幅度在10%～20%。生产上常用的锰肥是硫酸锰。硫酸锰浓度0.1%～0.3%，每667平方米喷施量视菜大小而定，苗期25千克即可。生长旺盛时每667平方米应喷50千克溶液。喷时叶正反两面均应喷上肥液。喷洒时期宜在苗期为最佳，塑料大棚或地膜覆盖时可多喷几次。黄瓜、冬瓜、南瓜、丝瓜、苦瓜、西葫芦除苗期外，可在初果期、盛果期喷1～2次。番茄、茄子、辣椒等可在苗期、催果期、盛果期喷洒。菠菜、芹菜、莴苣、莴笋、苋菜、空心菜等可在苗期、旺盛生长期喷1～2次。作基肥时每667平方米撒施2千克；拌种平均1千克种子用5～7克；浸种浓度为0.05%～0.1%；用作根外追肥时，浓度为0.05%～0.1%。

（三）蔬菜缺锌症及防治

【症　状】　一般症状是植株矮小、节间短。叶片扩展和伸长受到阻滞，出现小叶、丛生，俗称“小叶病”。一般症状表现在新生组织，症状为新生叶失绿，生长发育受阻，果实小，根系发育差。

【防治措施】　首先要增施有机肥，或在有机肥中掺入硫酸锌作基肥。试验证明：施用锌肥不但能矫正缺锌症状，也可提高番茄的维生素C含量，同时对番茄植株色氨酸和蛋白质含量有一定影响。另一个有效办法就是叶面喷施。硫酸锌浓度控制在0.1%～0.2%，喷施时期视蔬菜种类而不同。但是，无论哪种蔬菜，苗期要早施，瓜果类蔬菜（南瓜、黄瓜等）在初果期、盛果期再喷1～2次效果最佳。茄果类蔬菜在苗期、催果期、盛果期喷洒为最佳。

（四）蔬菜缺铜症及防治

【症　状】　一般症状是植株生长瘦弱、新生叶失绿发黄、呈凋萎干枯状，叶尖发白、卷曲，叶缘呈黄灰色，叶片上出现坏死斑点。

繁殖器官发育受阻。铜过量也会出现中毒现象。

【防治措施】 喷洒75%百菌清可湿性粉剂700～800倍液，或50%多菌灵可湿性粉剂1 000倍液+75%百菌清可湿性粉剂1 000倍液，或代森锰锌可湿性粉剂500倍液，每周喷洒1次，连续2～3次。

（五）蔬菜缺铁症及防治

【症　状】 症状主要表现为尖端幼叶失绿，失绿初期叶脉仍保持绿色。随着缺铁程度的加重，叶片由浅绿色变为灰绿色。严重缺铁时，整个叶片枯黄、发白或脱落。缺铁俗称“黄化病”。

【防治措施】 注意改良土壤、通气和降低盐碱性，增施有机肥，增加土壤中腐殖质。叶面喷0.2%～0.5%硫酸亚铁溶液，每667平方米50～75千克，每隔7～10天喷1次，连喷2～3次。

（六）蔬菜缺钼症及防治

【症　状】 有2种类型，一种是脉间叶色变淡、发黄，叶片易出现斑点，边缘发生枯焦并向内卷曲，并由于组织失水而萎蔫。一般老叶先出现症状，新叶在相当长的时间内仍表现正常。另一种是十字花科植物常见的症状，即叶片狭长、畸形，螺旋状扭曲，老叶变厚，焦枯。

【防治措施】 可用0.05%～0.1%钼酸铵溶液，每667平方米50千克，于苗期与花期喷洒为常见。喷洒时，叶片正反两面均应有肥液。喷洒叶面是蔬菜防治缺钼症有效办法。花椰菜、包心菜在苗期(6叶期)、发棵期(莲座期)、结球期(外叶24片左右)喷施钼肥为好。豌豆、蚕豆在苗期、结荚前后喷钼肥为最佳。

第十章 蔬菜主要病虫害识别防治技术

蔬菜生长发育由于是受温度、湿度、光照、营养等多方面因素的影响，在生产过程中如果任何一环节管理措施不当就会出现一些病虫害发生，一旦发生轻者造成减产，严重者将会绝产、绝收。本章主要是针对果类蔬菜（番茄、茄子、青椒、黄瓜）在生产过程中易发生的主要病虫害进行介绍。

一、苗期病害

（一）猝倒病

【症 状】 猝倒病又称卡脖子病、小脚瘟。病菌寄主范围很广，果类蔬菜幼苗均可被害。发病初期幼苗茎基部呈水渍状病斑，后病部变黄褐色，绕茎一周缢缩成线状。起初只有个别幼苗发病，在子叶尚未凋萎之前幼苗即猝倒，有时幼苗未出土即腐坏，病害发展迅速，引起成片猝倒。在湿度高时，病株残体及附近床面上长出一层白色棉絮状菌丝。

【病原及发病规律】 病原为鞭毛菌亚门瓜果腐霉菌。以卵孢子在土壤中或病残体上越冬，通过雨水、土壤、水分流动、带菌堆肥及农具传播。

【防治方法】 猝倒病的防治以加强栽培管理为主，结合药剂防治。

1. 种子处理 温汤浸种，用 2 份开水 1 份凉水配制成 55℃温水，将种子放入水中不断搅拌，保持 15 分钟后降至常温，催芽播种。

2. 栽培防治 苗床应设在地势较高排水良好的地方,用无病床土、肥料要充分腐熟。苗床营养土处理:50%多菌灵或70%敌磺钠可湿性粉剂,每平方米用药8～10克,加半干细土10～15千克拌均匀分作3份,1份洒在床面,2份盖在播下的种子上面,然后覆土。在条件允许的情况下尽量采用基质穴盘和育苗块育苗,可有效防止土壤带菌。播种时不宜过密,防止幼苗徒长。加强苗床管理,白天注意通风透光,保持适宜的温度,气温保持在20℃～25℃,地温保持在15℃～20℃,每次浇水量不宜过多,避免湿度过大影响根系发育幼苗生长。

3. 药剂防治 出苗后,发现中心病株就应喷药,可用75%百菌清可湿性粉剂600倍液,或65%噁霉灵可湿性粉剂800倍液,或多·福600倍液可湿性粉剂,每隔5～7天喷1次连续喷2～3次。

(二)立枯病

【症 状】 多发生于育苗中后期,受害幼苗的茎基出现椭圆形暗褐色病斑。早期地上部白天萎蔫,夜间恢复,病斑明显凹陷,扩大绕茎一周后,病部缢缩干枯整株死亡,但幼苗往往直立不倒。病斑有淡褐色丝网状霉,不显著。

【病原及发病条件】 为半知菌亚门丝核菌属真菌,以菌丝体在土壤中或病残体上越冬,在土壤中可存活2～3年。播种过密、间苗不及时、通风不良、幼苗徒长、床土忽干忽湿易诱发本病。

【防治方法】

1. 栽培防治 努力创造适宜幼苗生长的温、湿度条件,防止苗棚温度过高或过低,湿度过大。加强棚内通风换气,促使幼苗生长健壮,提高抗病力。

2. 药剂防治 幼苗出土后,发现病苗可喷施75%百菌清可湿性粉剂600倍液,或70%甲基硫菌灵可湿性粉剂800倍液或多·福可湿性粉剂600倍液，隔5～7天喷1次，视病情连续喷2～3次。

（三）沤　根

属生理病害，在育苗期间遇到连续阴雨、雪等天气，由于苗棚内土壤湿度过大，温度低，光照不足，幼苗的根系呼吸作用下降所致。幼苗发生沤根时，不发新根，根皮发黄呈锈色最后腐烂。地上部分生长缓慢，叶色变淡或发黄，白天中午前后萎蔫，易形成“小老苗”。防治主要是加强苗棚温、湿度管理，改善幼苗生长条件。

二、果类蔬菜主要病害

（一）番茄晚疫病

【症　状】　番茄幼苗、叶、茎和果实均可受害，以叶片和青果受害更为严重。幼苗发病，叶片出现暗绿色水渍状病斑，并向叶柄和茎部扩展，使茎变细并呈黑褐色，使幼苗萎蔫倒伏。湿度大时，病部表面着生白霉。叶片发病，多从植株下部叶片叶尖或叶缘处开始，初为暗绿色水浸状病班，扩大后转为暗褐色，湿度大时，叶背面沿病斑外缘处长有白霉。茎部受害病斑呈水渍状，后经扩展变为黑褐色、稍凹陷，最后表皮腐烂，植株萎蔫易由腐烂处折断。果实染病多在青果的果肩部发病，病斑初为暗绿色油浸状硬斑，后变为暗褐色，病斑呈不规则云纹状扩展，边缘明显，湿度大时其上长有少量白霉，病果常提前脱落。

【病原及发病条件】　病原菌为鞭毛菌亚门致病疫霉菌，病菌在保护地番茄植株和以菌丝体随病残体在土及马铃薯块茎上越冬，通过气流或雨水传播。病菌直接侵入植株或从气孔侵入。低温、高湿有利于病害发生。当白天气温在24℃以下，夜间气温不低于10℃，连阴天，田间湿度大，植株表面结露时易诱发本病。连作，排水不良，浇水过多，氮肥过多，植株徒长，保护地通风不良，发病严重。

【防治方法】

1. 选用抗病品种 如蒙特卡罗、硬粉8号、加州610、金棚一号等。

2. 加强田间管理 与非茄科作物实行3年以上轮作。保护地番茄从苗期开始，防止棚内出现高湿条件减缓病害发生蔓延。合理密植，控制浇水，采用膜下暗灌，及时整枝打杈摘除老叶以改善植株通风透光条件。保护地生产应注意通风换气，避免植株叶面结露，尽量降低棚内空气相对湿度。

3. 药剂防治 田间发现中心病株，立即摘除病叶然后喷药防治，药剂有50%嘧菌环胺1 000倍液，或25%嘧菌酯1 500倍液，或1%武夷菌素水剂300倍液，或64%噁霜·锰锌600倍液，或72%霜霉威盐酸盐水剂800倍液，或烯酰·吡唑酯600倍液或68%精甲霜·锰锌600倍液，或3%多抗霉素水剂300倍液，或10%氟霜唑1 000倍液，或21%过氧乙酸800倍液，或72%霜脲·锰锌(克露)600倍液，或65%代森锌可湿性粉剂500倍液，或72.2%霜霉威水剂800倍液，或72%霜脲·锰锌可湿性粉剂500～600倍液，或69%烯酰·锰锌可湿性粉剂900倍液，或60%代森联水分散粒剂800倍液，或52.5%噁酮·霜脲氰1000倍液，或25%双炔酰菌胺1 000倍液喷雾处理。每5～7天喷1次，共喷3～5次，尽可能交替使用药物。

(二)番茄早疫病

【症　状】 番茄早疫病又称轮纹病，危害叶、茎和果实。叶片初生水渍状深褐色圆形或椭圆形小斑点，后病斑扩大至1～2厘米，边缘黑褐色，中央灰褐色，有同心轮纹，潮湿时长黑霉。茎部病斑多在茎叶分枝处发生，病斑为椭圆形、深褐色、稍凹陷，有同心轮纹或晕圈。幼苗发病病斑黑褐色,后期茎秆布满黑褐色病斑。果实上多在果蒂附近和有裂缝处开始,形成圆形或近圆形褐色或黑褐色病斑,病斑凹陷,有同心纹,生有黑霉,病果易开裂,造成落果。

【病原及发病条件】 病原菌为半知菌亚门链格孢属真菌,以菌丝体及分生孢子随病残组织在田间或在种子上越冬,通过空气、雨水传播。高温高湿发病重,结果初期开始发病,气温在20℃~25℃、连续阴雨时病势加重。保护地栽培时如浇水过多、通风不良、重茬地、排水不良、植株生长差的地块发病严重。

【防治方法】

1. 选用抗病品种 如中研988、蒙特卡罗、硬粉8号、加州600、金棚一号等。

2. 加强栽培管理 与非茄科作物轮作3年。合理密植,保温通气降低空气相对湿度,浇水宜在晴天上午进行,避免叶面结露。及时整枝、打杈和摘除病叶、老叶、病果。增施有机肥,尤其是磷钾肥。

3. 药剂防治 以防为主,应掌握在发病前看不见病斑即开始用药。可选用克枯草芽孢杆菌800倍液,或50%异菌脲可湿性粉剂1000倍液,或40%嘧霉胺可湿性粉剂1000倍液,或40%氟硅唑可湿性粉剂7500倍液,或10%苯醚甲环唑可湿性粉剂1500倍液,或50%嘧菌环胺可湿性粉剂1000倍液,或25%嘧菌酯可湿性粉剂1500倍液,或2%武夷菌素水剂300倍液,或70%代森锌可湿性粉剂600倍液,或丙森锌可湿性粉剂600倍液,或10%氟霜唑1000倍液,或21%过氧乙酸800倍液,或高锰酸钾800倍液,隔5~7天1次,连喷2~5次,交替用药。

(三)番茄灰霉病

【症 状】 灰霉病在番茄保护地生产中发生严重,该病可危害花、果实、叶片及茎。主要侵染果实,特别是青果被害严重。病菌先由残留的柱头或花托侵入果实,后逐渐向果面或果柄扩展,发病部位果皮呈灰白色、软腐,产生大量灰褐色霉层。幼苗发病时,叶片和叶柄产生水浸状腐烂后干枯,表面生灰霉,最后扩展至幼茎,引起幼茎腐烂,幼苗常自病部折断。叶片染病多由叶尖开始发病,病斑呈"V"形向内扩展,初呈水浸状、浅褐色深浅相间的轮纹,边缘呈不规则状,表面生有灰色霉层,最后叶片干枯。

【病原及发病条件】 病原为半知菌亚门葡萄孢属真菌。病菌在土壤中或植株的病残体上越冬,通过气流、雨水或灌溉及农事操作传播。从伤口或衰老的器官侵入。该病是低温高湿病害,对湿度要求很高,当气温为20℃左右,空气相对湿度达90%以上时易发病。花期是侵染高峰,尤其在果实膨大期浇水后,病果剧增,是发病高峰期。栽培密度过大,通风不及时,植株徒长,连续阴雨,都会加速此病的传播。

【防治措施】

1. 栽培防病 定植前清洁田园,要求无病苗进棚。定植后通过加强通风及变温管理,降低棚内湿度,但同时还要保持温度不要太低。即晴天早晨日出后先通风半小时,然后关闭风口,当棚温升至33℃时,再开始通顶风,保持棚温在25℃左右,下午棚温降至20℃时关闭风口保温,夜间棚温保持在15℃~17℃,阴天也要打开风口通风排湿;加强肥水管理,使植株长势壮旺,防止植株早衰及各种因素引起的伤口。发病初期要控制浇水,浇水宜在上午进行,浇水后加大通风量,防止叶面结露;发病后及时摘除病叶、病果,集中烧毁或深埋处理。收获后彻底清园,翻晒土壤,减少病菌来源。

2. 药剂防治 发病初期烟熏防治,采用45%百菌清烟剂,或10%腐霉利烟剂,每667平方米每次250克,点燃后密闭封棚一夜,隔6~7天熏1次,连续3~4次。开花期蘸花加药防治,在配好的丰产剂二号、坐果灵等蘸花液中,加入2%腐霉利,或6%果霉宁稀释后直接蘸花或涂抹。还可用50%腐霉利1 000倍液，或克枯草芽孢杆菌可湿性粉剂800倍液，或50%异菌脲可湿性粉剂1 000倍液，或40%嘧霉胺可湿性粉剂1 000倍液，或40%氟硅唑可湿性粉剂7 500倍液，或10%苯醚甲环唑水分散粒剂1 500倍液，或50%嘧菌环胺可湿性粉剂1 000倍液，或25%嘧菌酯可湿性粉剂1 500倍液，或0.3%丁子香酚1 000倍液，或1%武夷菌素水剂200倍液，或10%宝丽安可湿性粉剂1 000倍液，发病初期每隔5～7天喷1次，连续3～4次。由于灰霉病容易产生抗药性，应尽量减少用药量和施药次数，并要注意药剂交替使用。

(四)番茄叶霉病

【症　状】 番茄叶霉病主要危害叶片。叶片发病自下向上发展，中部叶片最易感病。先从叶面出现浅黄色病斑，边缘不清晰，并逐渐呈黄褐色。病斑背面生成黄色或黄褐色霉层，中央较密，边缘稀。发病严重时病斑连片，叶片卷曲干枯。果实发病常在果蒂附近形成近圆形黑色硬化凹陷的病斑。

【病原及发病条件】 病原菌为半知菌亚门黄枝孢菌，病菌以菌丝体或分生孢子在病残体内或种子上越冬，借助空气、农事活动传播。温度在20℃～23℃、空气相对湿度在90%以上适宜该病害流行。保护地连续阴雨、通风不良、光照弱、植株种植过密、植株徒长、管理粗放发病重。空气相对湿度低于80%不利于病菌分生孢子形成和病斑的扩展。

【防治方法】

1. 选用抗病品种 如蒙特卡罗、硬粉8号、加州600、金棚一号等。

2. 种子处理 播种前用55℃温水浸种，同时不断搅拌，保持水温15分钟，然后降至常温，可有效防止种子带菌。

3. 加强田间管理 实行3年以上的轮作。保护地栽培要注意通风，适当控制浇水，降低湿度。

4. 药剂防治 熏烟消毒：定植前对塑料大棚或日光温室用硫黄烟熏处理，每667平方米用硫黄粉4～5千克，分放几处，点燃后密闭烟熏1夜。发病初期摘除病叶，可用45%百菌清烟剂或10%速克灵烟剂每次0.25千克熏1夜。还可喷施50%腐霉利可湿性粉剂1000倍液，或克枯草芽孢杆菌可湿性粉剂800倍液，或50%异菌脲可湿性粉剂1000倍液，或40%嘧霉胺可湿性粉剂1000倍液，或40%氟硅唑乳油7500倍液，或10%苯醚甲环唑水分散粒剂1500倍液，或50%嘧菌环胺可湿性粉剂1000倍液，或25%嘧菌酯可湿性粉剂1500倍液，或70%甲基硫菌灵可湿性粉剂500倍液。每隔5～7天喷1次，连喷3～4次，交替用药。

(五)番茄病毒病

【症 状】 番茄病毒病发生普遍，夏秋季栽培比较严重，春季栽培相对较轻。常见的有花叶、蕨叶和条斑3种类型。近年北方地区又发现一种新型病毒番茄黄化曲叶病毒，比上述几种类型危害更为严重。

1. 花叶型 从苗期至成株期均可发病。叶片上出现黄绿相间或深浅相间的斑驳，有皱缩，叶脉透明，顶叶生长缓慢，病株较健株稍矮，常引起落花落果，有时果实呈花脸状。

2. 蕨叶型 植株出现不同程度的矮化，由上部叶片开始部分或全部变成线状，中下部叶片向上卷曲呈筒状。病果畸形，果肉呈褐色。

3. 条斑型 茎、叶和果实均可发生，病斑形状因发生部位不同而异。叶片上呈茶褐色斑点或云纹斑。茎上呈黑褐色条纹，病部下陷坏死，逐渐蔓延扩大，使病株枯死。病果呈不规则的褐色油渍状病斑，后期病斑逐渐凹陷，病斑变色部位只限于表层，而不深入内部。

4. 番茄曲叶病毒　主要危害叶片，病叶变小、粗糙、变厚，叶缘变黄、上卷，顶端似菜花状，病株严重矮化，落花严重结果少，下部果实不能正常着色。

【病原及发病条件】　花叶型病毒病由烟草花叶病毒（TMV）侵染所致，厥叶型病毒病由黄瓜花叶病毒（CMV）侵染引起，而条斑型病毒病则是由烟草花叶病毒、黄瓜花叶病毒及其他病毒混合感染所造成。烟草花叶病毒、黄瓜花叶病毒多在土壤里或多年生宿根杂草及种子上越冬，蚜虫、白粉虱迁飞传染。番茄曲叶病毒主要通过烟粉虱传播。高温干旱天气有利于病毒病的发生。田间管理如分苗、定植、整枝、打杈、摘心、绑蔓等操作不当，均能导致病毒传染。另外，氮肥施用过多、植株组织生长柔嫩、土壤板结黏重、排水不良发病重。

【防治方法】　病毒病目前为止还没有理想的防治药剂，主要以栽培防病为主。利用病毒侵染慢于植株生长的特点，促进植株迅速生长，使植株上部能正常开花结实。即使没有病毒病，市场上防治病毒病的药剂，也会促进蔬菜的生长发育和根系的吸收能力，从而缓解由于缺素造成的症状。

1. 选用抗病品种　抗烟草花叶病毒和黄瓜花叶病毒有夏粉、蒙特卡罗、硬粉八号、金棚一号。抗曲叶病毒主要是红果品种，如飞天、光辉、阿库拉、莎丽、齐达利等。

2. 种子消毒　播前用清水浸种3～4小时，再放入10%磷酸三钠溶液中浸泡15分钟。也可用0.1%高锰酸钾溶液浸种15分钟，捞出后用清水冲洗干净再催芽播种，可钝化种子所带病毒。

3. 实行轮作　至少实行2年的轮作，并及时清洁田园。

4. 培育壮苗　选不带病的苗移植。加强田间管理，重施充分腐熟的有机肥，适时早定植，加强结果期肥水管理，培育壮苗，增强植株本身的抗性，通风降温改善田间小气候。

5. 防治蚜虫　采用防虫网早期防蚜。高温干旱年份要及时喷药治蚜虫、白粉虱，预防病毒传染，可采用10%吡虫啉可湿性粉剂1 000倍液，或3%啶虫脒可湿性粉剂1 000倍液，或0.36%苦参碱水剂（百草一号）800倍液，或3%天然除虫菊素可湿性粉剂（菊灵）1 500倍液，或5%天然除虫菊素可湿性粉剂（云菊）1 000倍液喷雾防治。

6. 药剂预防 采用叶面喷施碧护15 000倍液，或2.85%硝·萘酸水剂6 000倍液，或磷酸二氢钾或硝酸钾300倍液作根外追肥，可提高植株耐病性，有效地减轻病毒，达到丰产的目的。从苗期开始隔7～10天喷1次，连喷4～5次。在病毒病发病初期喷洒1.5%守醇·硫酸铜乳剂1 000倍液、或5%盐酸吗啉胍可溶性粉剂1 000倍液，或20%吗胍·乙酸铜可溶性粉剂500倍液，或高锰酸钾8 000倍液。连续施药3～4次，每次间隔7～10天。

（六）番茄茎基腐病

【症　状】 茎基腐病主要危害大苗或定植后植株的茎基部。病斑初呈暗褐色，地上部叶片变黄，晴天中午前后出现萎蔫现象，扩大后绕茎一周，皮层变褐腐烂，整株逐渐枯死，根部无异常表现。后期病部表面形成大小不等黑褐色的菌核。

【病原及发病条件】 由半知菌亚门真菌立枯丝核菌侵染所致，病菌以菌丝体和菌核在土中越冬，腐生性强，可在土中生存2～3年，病菌发育适温为24℃，最高为40℃～42℃。幼苗定植过深、培土过高或大水灌溉等易发生此病。

【防治措施】

1. 选用抗病品种 常见的抗病品种有硬粉8号、金棚一号、蒙特卡罗等。

2. 培育无病壮苗 进行种子处理，播种前用55℃温水浸种15分钟，或用0.1%高锰酸钾溶液浸种15分钟，清洗干净后催芽播种。

3. 轮作　与非茄科作物实行 3 年以上轮作，定植前要剔除病苗，幼苗定植时不宜过深，雨天及时排除地上积水，培土不宜过高，以减少田间发病率。

4. 药剂防治　可用 10%苯醚甲环唑水分散粒剂 1 500 倍液，或 10%氟霜唑可湿性粉剂 1 000 倍液，或 21%过氧乙酸 800 倍液，或 72%霜脲·锰锌可湿性粉剂 600 倍，或高锰酸钾 800 倍液，喷洒茎基部。也可用 75%百菌清可湿性粉剂或 70%甲基硫菌灵可湿性粉剂 600 倍液加面粉拌匀后涂抹茎基部，效果较显著。

(七)番茄溃疡病

【症　状】 叶、茎、果实均可受害。起初下部叶片萎蔫下垂，叶片向上卷曲，叶片边缘及叶脉间变黄以至全叶变褐枯死。当病菌侵入叶柄和茎内部，沿着维管束上到植株顶部时，常造成一侧或部分小叶萎蔫，其余叶片正常，后期在茎秆上形成长条斑，且向上下扩展，髓部变褐，后维管束腐烂，植株死亡。侵染果实后，在果实上往往出现雀眼状白色圆斑，因此该病又称鸟眼病。

【病原及发病条件】 病原菌密执安棒杆菌为细菌，病菌在种子和土壤中的病残体上越冬，主要通过伤口侵染植株。病菌通过整枝、打杈、中耕、浇水等农事活动和种子传播。该病较耐低温，适宜生长温度为 25℃～27℃，致死温度为 53℃。气候温暖湿度大、叶面结露时间长有利于此病的发生。

【防治方法】

1. 选用无病种子，种子消毒　用 55℃温水浸种 15 分钟，或先用清水浸泡种子，然后用 0.1%高锰酸钾溶液浸种 15 分钟，再用清水将药剂冲洗干净催芽播种。

2. 加强田间管理　与茄科作物实行 3 年以上的轮作，清洁田园。

3. 药剂防治　在发现中心病株时，先将病株带出田外烧毁或深埋,可喷施高锰酸钾800倍液,或53.8%氢氧化铜水分散粒剂800倍液,或72%农用链霉素可溶性粉剂5000倍液,或90%链霉素·土6000倍液。隔6～7天喷1次,连续喷4～5次。也可用上述药液进行灌根,每株灌药水250毫升左右,可明显提高防治效果。

(八)番茄根结线虫病

【症　状】　根结线虫病危害根部,以侧根及支根受害最重。病部产生大小不等的瘤状物或根结,初为白色,后呈黄褐色。根瘤或根结部上端产生细根,以后又感染呈根结状肿瘤。重病株地上部分植株矮小,叶色较淡,干旱或水分供应不足时,地上部中午常出现萎蔫,严重时植株枯死。

【病原及发病条件】　病原物为线虫动物门根结线虫属的南方根结线虫,是植物寄生线虫。以二龄幼虫或卵随病残体遗留在土壤中越冬。病原线虫最适地温为25℃～30℃、土壤含水量40%左右时生长发育,10℃以下幼虫停止活动,55℃经10分钟即死亡。主要通过病土、病苗、浇水、农事操作、农具等传播。地势高燥、土壤质地疏松、盐分低的条件适宜线虫活动,有利于发病,连作地发病严重。根结线虫病一旦发生,极难根治。

【防治方法】

1. 选用抗线虫的优良品种　如仙客1号、仙客5号、仙客6号。

2. 培育无病壮苗　采用基质或无病土育苗,利用嫁接栽培技术。由于砧木对线虫具有一定的耐病性,且嫁接后植株根系壮,长势强,降低危害程度。

3. 加强管理　可与葱、蒜等蔬菜轮作,加强田间管理,田间发现线虫,应将病残体集中烧毁,并注意合理灌溉以增强作物的抵抗力。

4. 尽量避免串棚和共用农具　可在棚门口放一块草帘或麻

袋用阿维菌素浸湿，进出棚时在上面踩几下，可减少人为传播。对共用农具用2%阿维菌素乳油1 000倍液喷雾或浸泡，进行消毒。

5. 土壤消毒 在定植前对保护地土壤进行消毒，可用蒸汽消毒，可通入100℃高压蒸汽，使保护地内20厘米土壤温度保持60℃，30分钟。还可在夏季高温季节换茬时，每667平方米用生石灰100千克、稻草或麦秸500千克，截段铺于棚内，深翻20～30厘米，浇足水并铺上薄膜，密闭15～20天。

6. 药剂处理 可用10%噻唑磷可湿性粉剂(福气多)1 500～2 000克，在定植前混土撒施或沟施处理土壤。亦可用2%阿维菌素可湿性粉剂2 000倍液，或15%阿维·丁硫可湿性粉剂(卫根)600倍液灌根，果类蔬菜每生育期灌2～3次。

(九)番茄低温障碍

【症状及发病原因】 番茄是喜温作物，生长适温为24℃～26℃，夜温13℃以上可以充分发育。低于13℃发育迟缓，低于10℃时茎叶停止生长，长时间处于5℃～10℃植株就会受寒害。幼苗遇低温，子叶上举，叶背向上反卷，叶缘受冻部分逐渐干枯，形成畸形花，造成落花、落果。成株叶片失绿出现水渍状不规则形斑点，叶缘干枯，严重时整株枯死。

【防治方法】 ①选择耐寒、耐低温、弱光品种。如蒙特卡罗、浙粉202、加州600、中研988、精品金棚一号等品种。②加强苗期管理，培育壮苗。育苗期注意保温，幼苗期进行低温锻炼。选择寒尾暖头的无风晴天，适时定植。③采用地膜覆盖、地面覆草、覆厩粪等措施，提高地温。可在棚内挂二层幕，扣小拱棚及生火炉等临时加温措施提高保护地内气温。④喷叶面肥。可用90%磷酸二氢钾300倍液加红糖50克喷施，或喷洒27%高脂膜乳剂80～100倍液，还可喷洒阳光一号提高植株光合作用，均可有效提高植株抗寒能力。

（十）番茄高温障碍

【症状及发病原因】 叶片受害，初叶片褪绿或叶缘呈漂白状，后变黄枯死。轻者仅叶缘呈烧伤状，严重时波及半叶或整个叶片。有时整棚植株顶部新叶突然呈蕨叶状，当温度适宜后正常生长。与病毒病相区别的是病毒病有发病中心，呈点片状发生。番茄虽然喜温喜光，但当白天温度高于35℃，夜间高于25℃，生长缓慢，开花、结果受到抑制。当温度高于40℃时停止生长，引起落花、落果，茎叶损伤及果实异常。

【防治方法】 ①通风。当温度超过30℃时，要及时通风，以降低叶面温度。②遮光。秋大棚番茄前期外界温度过高，光照强烈，可覆盖遮阳网遮荫。方法是在上午10时以后将遮阳网拉开，减少太阳辐射。下午3时以后，再将遮阳网收起，不可长时间覆盖遮阳网，易导致植株徒长。③喷水降温。及时浇水降低地温。④喷洒硫酸锌1 000倍液，或阳光一号500倍液，可提高植株的抗高温、抗裂果、抗日灼的能力。

（十一）番茄筋腐病

【症　状】 番茄筋腐病主要表现在果实膨大后期，果实着色不均，维管束变为褐色，发病部位不转红，严重时呈褐色，失去商品价值。

【发病原因】 是由于植株吸收性障碍造成缺钾、钙、镁等元素的不良表现。由于冬季温室内地温较低，土壤中的喜温微生物活动受抑制，耐寒的微生物继续活动，土壤中积累了大量的铵态氮，铵态氮的过量积累，抑制了钾、钙、镁、硼的吸收。

【防治方法】 首先是尽量改善光照条件，提高地温，创造良好的设施条件，并加强各种保温措施。栽培上施用充分腐熟的有机肥，合理施用氮、磷、钾等大量元素肥，同时应注意增施硼、钙、镁等中微量元素。在冬春季节，应每 10 天叶面喷施 1 次磷酸二氢钾、威力硼、农保赞等肥料。每茬喷施碧护 15 000 倍液 3 次，提高吸收能力，促进植株健壮生长。

（十二）番茄芽枯病

【症状及发病原因】 主要发生在夏秋保护地番茄二、三穗果的着生部位附近。生长点受到抑制，主茎不再向上生长，病株芽枯处形成裂痕，出现多个分枝向上长的情况，是芽枯病的典型症状。夏秋茬保护地番茄生育前期正值高温暑期，在中午通风不良造成棚内 35℃以上的高温时，就会发生芽枯病。氮肥施用过多，造成植株徒长，高温干燥，土壤溶液浓度变大，会影响植株对钙、硼肥的吸收，也易引起芽枯病。

【预防措施】

第一，遮阳降温。育苗期和定植后要加强通风，覆盖遮阳网遮荫，降低光照强度，防止棚内出现 35℃以上的高温。也可以在高温的中午，在叶面喷洒清水，以降低周围温度。

第二，注意保持土壤湿度，保持地面见干见湿，保证根系高效率的吸收功能，促进肥效的充分发挥。不要大水漫灌，以防秧苗徒长和裂果。植株生长健壮，才可减少芽枯病的发生。

第三，夏秋茬番茄定植时正值高温季节，定植后要适当蹲苗，以防止徒长，发现植株萎蔫时适当补水。控制第一穗果膨大前的肥水供应，保证第一穗正常坐果。

第四，推广测土配方施肥技术，适当增施硼、锌等微肥，

第五，可喷施新型植物生长调节剂碧护 5 000 倍液，全生育期喷3～4 次，提高植株抗逆性培育壮苗。还可以叶面喷施 90％威力硼 800 倍液，每隔 7～10 天 1 次，连喷 2～3 次即可。

第六，已经发生番茄芽枯病的植株，除加强肥水管理外，可选取第二、第三穗果下的侧枝代替主枝生长，以减少产量损失。

(十三)番茄脐腐病

【症状及发病原因】 番茄脐腐病是一种生理性病害，主要发生在幼果期。初期在受害幼果的脐部产生水渍状斑点，以后病斑扩大，至半个果顶部，病斑表皮下的果肉组织坏死收缩。在潮湿情况下，病斑会受腐生菌侵染，形成黑色的霉。番茄脐腐病主要是由于缺钙造成的。保护地土壤可溶性盐类浓度高，使根系对钙素吸收受阻。土壤中施用氮肥、钾肥过多，也会影响植株对钙的吸收，促使脐腐病的发生。引起脐腐病的另一个原因是由于水分供应失调所致。番茄膨果期遇持续的干旱，根部吸水不正常，不能满足供应地上部的需要，叶片水分的蒸腾量加大，根部往上输送的水分大部分被叶片蒸腾消耗，叶片还会从果实中吸取水分供其蒸腾作用的需要。果实的脐部首先受到干旱失水的影响引发脐腐病。

【预防措施】 主要从各项栽培措施上保证根系能正常吸收水分以及足够的钙素。

1. 培育壮苗 春番茄生育前期水分管理要见干见湿，夏秋茬番茄要小水勤浇，促进根系的发育。农事操作尽可能减少伤根。

2. 科学合理施肥 避免施用未腐熟的有机肥，追肥浓度过大引起烧根。采用配方施肥，不要一次施入大量氮肥和钾肥。番茄进入结果期后，酸性土壤需增施一定量的石灰，还可用0.3%氯化钙或0.3%硝酸钙叶面喷施，从花期开始间隔7～10天，连续喷3～4次，有较好的预防效果。

(十四)番茄畸形果

【症 状】 保护地番茄在栽培过程中很容易出现畸形果，畸形果的果实表现畸形，各式各样。田间常见的有尖顶形、指突形、菊形、偏心形、纵沟形等多种形状的畸形果实，使番茄商品价值严重降低。

【发病原因】　在花芽分化和花芽发育期，若夜温长时间低于15℃，极易产生畸形花、果。冬春茬番茄的第一、第二穗果出现的畸形果，多是由苗期低温造成的。氮肥过多，会使花芽过度分化，心室数目增多，形成多心室畸形果。蘸花时浓度过高、重复蘸花，或蘸花时温度过高、土壤干旱时，畸形果发生严重。对未开放的花进行药剂蘸花，易产生空洞果。苗期为控制秧苗徒长使用植物生长调节剂浓度大或次数多，也易产生畸形果。

【防治措施】

1. 品种选择　选用耐低温、弱光性强的品种，如金园、加州610、金棚赛欧、精品金棚一号等。

2. 培育适龄壮苗　加强苗期的温、光调控和肥水管理，在花芽分化期，尤其是第一花序分化期，防止出现10℃以下的低温，夜温控制在15℃～19℃，白天温度25℃～28℃，促进花芽分化，可减少畸形果的发生。

3. 及时疏掉畸形花、果　植株上的第一、第二穗果的第一朵花易形成畸形果，应在蘸花前疏去，可减少畸形果的数量。

4. 加强水肥管理　做到合理施肥浇水。氮、磷、钾、中微量元素配合使用，避免偏施氮肥，适量增施磷、钾肥，使植株花芽分化得到正常生长发育所需营养物质，防止由于营养过多分化出更多心室而发育成畸形果。同时，要根据植株长势、长相、天气等情况和番茄的需水量合理浇水，切忌土壤忽干忽湿，造成裂果。

5. 控制徒长　植株徒长时，不要采用急剧降温、干旱，或使用植物生长调节剂等措施控制生长，应通过适度通风降温和适当控制浇水等办法来调节。

6. 蘸花　首先，一穗花要等2朵以上开花后才使用坐果剂，而且每穗花只能处理1次，避免重复蘸花，不然易造成畸形果。其次，要慎重选择坐果剂，近年推广的主栽品种蘸花都要求较低的浓度，应根据温度高低灵活掌握，温度高时、浓度小些，温度低时，浓度大些。蘸花时间应在上午8～10时,下午3时以后进行。常用药剂有丰产剂二号,或果霉宁2号对水2～3升。

(十五)茄子黄萎病

【症　状】　茄子黄萎病又称半边疯,是一种土传病害。在苗期一般不发病,大多在开花、结果期以后才陆续发病。植株染病由下向上发展,发病初期先从下部叶的边缘及叶脉间出现褪绿变黄,晴天中午病株萎蔫,早晚仍可恢复。随着病情发展,病斑转为深褐色扩大至整个叶片,最后枯死脱落。从下部叶逐渐向中上部叶发展,严重的全株叶片脱落成光秆。田间发病常见病株从下至上只有一侧的叶片发病枯死,而另一侧仍正常生长,最后全株枯死。剖开茎和根部,可见维管束变为褐色。

【病原及发病条件】　病原为半知菌亚门轮枝菌属的一种真菌。病菌主要以菌丝体随病残体在土壤中越冬。病菌在土壤中可存活6～8年,通过风、雨、流水、农事操作、农具等传播。从根部的伤口或根毛侵入,进入维管束后迅速繁殖,向植株地上部的组织扩展。从病株上采收的种子也带有病菌,可成为初侵染源,进行远距离传播。黄萎病在同一生育周期一般只发生1次侵染,而没有再侵染。发病最适地温为19℃～25℃,适温下土壤湿度愈高发病愈重。开花结果期多雨,田间湿度大,浇水多,偏施氮肥,有利于发病。低洼地、土质黏重、重茬连作,或使用了未腐熟的带菌的土杂肥等,都会加重病害的发生。

【防治措施】

1. 选用抗病品种　如早熟京茄一号、京茄三号、京茄五号、京茄十五号等。

2. 嫁接防病　嫁接砧木要选择与栽培品种亲和性高、抗病能力强、对果实品质无不良影响的品种,生产上一般用托鲁巴姆、赤茄、托托斯加等,可有效防止黄萎病的发生。但是要注意嫁接苗定植不能过深，超过接口病菌将会由接口侵入植株，失去防病的目的。

3. 进行种子处理 播前用清水浸种3～4小时，再放入0.1%氢氧化钠溶液或0.1%高锰酸钾溶液中浸种15分钟，捞出后用清水冲洗干净再催芽播种，可杀灭种子表面所带病菌。

4. 加强栽培管理 避免与茄科蔬菜连作。收获后彻底清洁田园，清除病残体，施用充分腐熟的有机肥。结果期以后要合理追施氮、磷、钾及中、微量元素肥料，防治植株缺肥早衰。

5. 药剂防治 可在定植前进行土壤处理，用50%多菌灵，或70%甲基硫菌灵，或50%敌磺钠可湿性粉剂，按每667平方米2～3千克与适量细土混匀，在整地时撒于土表并混匀。也可用40%氟硅唑7 500倍液，或10%苯醚甲环唑水分散粒剂1 500倍液，或武夷菌素水剂300倍液，或70%甲基硫菌灵可湿性粉剂600倍液，或0.3%丁子香酚1 000倍液，或丙森锌600倍液，或高锰酸钾800倍液，在植株开花结果期前灌根，每株灌药500毫升，7～10天1次，共1～2次。

（十六）茄子褐纹病

【症　状】 茄子褐纹病又称干腐病，植株各个部位均可受害。幼苗期茎基部受侵染产生褐色、稍凹陷的病斑，若绕茎一周可引起幼苗枯死。叶片受害从中、下部先发病，产生近圆形浅褐色病斑，病斑上有轮纹，严重时可互相连接使叶片干枯。茎部染病产生长条形或梭形病斑，病斑边缘深中间浅，稍凹陷，严重时茎或枝条易折断。成株期以果实受害最重，在果面上产生深褐色至浅褐色近圆形或椭圆形病斑，病斑扩展可使全果变褐腐烂，有时干缩成僵果。病斑上均有轮状排列的黑色小粒点。

【病原及发病条件】 茄子褐纹病的病原是半知菌亚门拟茎点霉属的真菌。主要以分生孢子器和菌丝体在病残体组织上越冬，或以菌丝在种子内或以分生孢子黏附于种子表面越冬。播种带菌种子可直接引起幼苗发病。通过风雨、浇水、农事活动或昆虫传播。发病后又产生大量的分生孢子，进行多次再侵染。病菌最适发育温度28℃～30℃，高温、多雨、潮湿的天气有利于诱发该病，在田间产生大量烂果。栽培上地势低洼排水不良、土质黏重、施氮肥过多、种植过密、管理粗放、通风透光性差，容易诱发此病。

【防治方法】 可采取下列综合措施。

第一，选用无病种子，进行种子处理 。从无病地或完全健康、成熟的茄果单独采收留种。药剂处理与茄子黄萎病相同。

第二，提倡利用穴盘、育苗基质进行无土育苗。

第三，加强栽培管理，与茄科作物轮作3年以上，结合整地施足充分腐熟的有机肥，及时整枝，摘除下部老叶，清除杂草，提高田间通透性。开花结果后，适当增施磷、钾肥，保持植株生长健壮，增强抗病力。

第四，收获后彻底清洁田园，销毁病残体，高畦深沟种植。发现病果或病、老、残叶及时清理带出田外集中销毁，减少再侵染源。

第五，药剂防治。发病初期立即选喷下列药剂：50％嘧菌环胺（和瑞）1 000倍液，或25％嘧菌酯1 500倍液，或75％百菌清可湿性粉剂600倍液，或70％代森锰锌可湿性粉剂500倍液，40％氟硅唑乳油7 500倍液，或10％苯醚甲环唑水分散粒剂1 500倍液，或武夷菌素水剂300倍液，或70％甲基硫菌灵水剂600倍液，或70％丙森锌可湿性粉剂600倍液，或高锰酸钾800倍液，隔7～10天喷1次，连续喷2～4次。

（十七）茄子绵疫病

【症　状】 茄子绵疫病又称疫病或掉蛋。主要危害果实，也可危害叶片、茎和花器等部分。中下部果实受害较多。病果最初呈水浸状近圆形病斑，条件适宜时病斑迅速扩大，可使整个果实变褐色腐烂，湿度大时病部密布白色霉层，烂果容易脱落。叶片染病出现不规则形或近圆形的褐色病斑，有较明显的轮纹，潮湿时生稀疏的白色霉层。茎部染病产生不规则形暗褐色病斑，病部缢缩，萎蔫枯死。

【病原及发病条件】 病原物属鞭毛菌亚门疫霉属真菌。主要以卵孢子或菌丝体在病残体和土壤中越冬。经气流或雨水传播，在同生育周期可进行多次再侵染。空气相对湿度在90%以上、气温在28℃～30℃时，适宜病菌生长，特别是夏季暴雨初晴，气温骤升，加上土壤蒸发湿气大，高温、高湿的气候条件下，利于茄绵疫病发生流行。田间地势低洼、土壤黏重、管理粗放、种植过密，田间通风透光性差等均有利于该病的发生。

【防治措施】

1. 选择抗病品种 可选用早熟京茄一号、京茄五号等。

2. 与茄科蔬菜轮作 结合整地增施充分腐熟的有机基肥。采用小高畦、滴灌、膜下暗灌、膜上灌等措施降低田间湿度。

3. 加强管理 合理密植，清除田间杂草，及时整枝打杈。门茄收获后可适当摘除底部老叶以利于田间通风透光。及时摘除病果、病叶并销毁。

4. 药剂防治 当田间刚开始发病时应立即喷药防治。可选用下列药剂：50%嘧菌环胺可湿性粉剂1 000倍液，25%嘧菌酯可湿性粉剂1 500倍液，或1%武夷菌素可湿性粉剂300倍液，或60%代森联水分散粒剂800倍液，或52.5%噁酮霜脲氰可湿性粉剂1 000倍液，或25%双炔酰菌胺1 000倍液，或64%恶霜·锰锌可湿性粉剂600倍液，或72%霜霉威盐酸盐水剂800倍液，或18.7%烯酰·吡唑酯可湿性粉剂600倍液，或68%精甲霜·锰锌可湿性粉剂600倍液，或3%多抗霉素300倍液，或10%氟霜唑可湿性粉剂1 000倍液，或21%过氧乙酸800倍液，或72%霜脲·锰锌可湿性粉剂600倍，或高锰酸钾800倍液，隔7～10天喷1次，连续喷3～4次，同时注意轮换用药。

(十八)辣椒疫病

【症　状】 幼苗期染病可使嫩茎基部出现水浸状暗褐色病斑，猝倒死亡。叶片染病出现边缘不明显的褐色病斑，病叶很快软腐脱落。茎染病多在近地面或分叉处，先出现水浸状病斑，后变为黑褐色条状病斑，病部常凹陷或缢缩，导致上部枝叶枯萎。果实染病多从蒂部开始，出现水浸状、暗褐色、边缘不明显的病斑，可使整个果实腐烂。病斑在天气潮湿时，表面可长出一层稀疏的白色霉层。

【病原及发病条件】 病原是鞭毛菌亚门疫霉属的真菌。病菌以卵孢子或厚壁孢子随病残体在土壤中越冬，通过气流或风雨、灌溉水传播。日平均气温26℃～28℃，空气相对湿度85%以上，多雨、潮湿的天气条件，有利于孢子囊形成、萌发、侵入和菌丝生长，有利于发病。栽培上与茄科或瓜类蔬菜连作发病较重，地势低、土质黏重、排水不良、通风透光性差、管理粗放发病较重。

【防治措施】

1. 选种 因地制宜选用抗病品种。生产上常用的品种有朝研11号、中椒7号、京甜3号、湘研30、湘研36等。

2. 培育壮苗 进行种子处理，用55℃温水浸种15分钟，采用穴盘基质育苗，可有效预防病菌的传播。

3. 轮作 避免与茄科及瓜类连作，合理轮作。收获后彻底清除病残体。

4. 整地施基肥 定植前翻晒土壤，合理密植，采用小高畦种植，覆盖地膜，应用膜下暗灌降低棚内湿度。配方施肥，使用充分腐熟的有机肥，适当增施磷、钾肥，不要过量偏施氮肥。

5. 药剂防治 发病初期立即选喷下列药剂：95%噁霉灵800倍液，或68%甲霜·锰锌可湿性粉剂600倍液，或3%多抗霉素水剂300倍液，或10%氟霜唑可湿性粉剂1 500倍液，或21%过氧乙酸800倍液，或72%霜脲·锰锌600倍，或60%代森联可湿性粉剂800倍液，或52.5%噁酮·霜脲氰可湿性粉剂1 000倍液，或25%双炔酰菌胺可湿性粉剂1 000倍液，或高锰酸钾800倍液，或53.8%氢氧化铜水分散粒剂800倍液，或75%百菌清可湿性粉剂600倍液。交替使用药剂，隔5～7天喷1次，连续喷3～4次。

（十九）辣椒疮痂病

【症　状】　辣椒疮痂病又称细菌性斑点病。主要发生在叶、茎、果实上。叶片被害，发病初期出现水渍状褪绿色圆斑，病斑边缘暗绿色，稍隆起，中间淡褐色，稍凹陷，呈粗糙的疮痂状。病斑发生在叶脉处时，可使叶片畸形。茎部被害，形成水渍状不规则形的褐色条斑，后木栓化隆起，有时纵裂。果实被害，果面出现稍隆起的圆形或长圆形的黑褐色疮痂状病斑，湿度大时，病斑中间可溢出菌脓。

【病原及发病条件】　辣椒疮痂病是由黄单胞菌属细菌引起的病害。病菌发育适温为27℃～30℃。在种子及病残体上越冬，从气孔侵入，借雨水飞溅或昆虫传播，高温高湿利于病害流行。

【防治措施】

1. 选用抗病品种　如朝研11号、中椒7号、京甜3号、湘研30、湘研36等。

2. 浸种　防止种子带病菌，进行种子消毒。用55℃温水浸种15分钟，或先用清水浸泡种子，然后用0.1%高锰酸钾溶液浸种15分钟，再用清水将药剂冲洗干净，然后催芽播种。

3. 轮作　与非茄科作物轮作2～3年。

4. 加强管理　深翻中耕，促进根系发育，提高植株抗病力。高畦种植，避免积水。并注意氮、磷、钾肥的合理搭配，提倡施用充分腐熟的有机肥或微生物菌肥作基肥。

5. 药剂防治 发病初期开始喷洒53.8%氢氧化铜水分散粒剂800倍液，或72%农用链霉素可溶性粉剂5000倍液，或90%链霉素·土5000倍液，或14%络氨铜水剂300倍液，隔7～10天1次，连续喷2～3次。

（二十）辣椒软腐病

【症　状】 主要发生在未成熟的青果上。病果初生水浸状暗绿色病斑，后变褐软腐，有臭味，内部果肉腐烂，果皮变白，整个果实失水后干缩，易脱落。

【发病条件及发病原因】 是由欧文氏杆菌属病菌引起的细菌病害。病菌随病残体在土壤中越冬，在田间通过昆虫、灌溉水或雨水传播，病菌从伤口侵入。最适温度为26℃～30℃，田间低洼易涝，管理水平低，多年连作土壤带菌量逐年增加，密度过大，钻蛀性害虫多或连阴雨天气多、湿度大易流行。

【防治措施】

1. 轮作倒茬 辣椒软腐病发生盐渍化地块，应与非茄科及十字花科蔬菜进行2年以上轮作。收获后及时清洁田园，尤其要把病果清除，带出田外烧毁或深埋。

2. 培育壮苗，适时定植，合理密植 及时整枝、打杈，雨季及时排水，发现病果及时摘除。适当追施磷、钾肥或叶面喷施磷酸二氢钾等。保护地栽培要加强通风，防止棚内湿度过高。

3. 及时喷洒杀虫剂 如2%阿维菌素乳油2000倍液防治烟青虫等蛀果害虫，避免果实出现伤口。

4. 药剂防治 雨前雨后及时喷洒53.8%氢氧化铜水分散粒剂800倍液，或72%农用链霉素可溶性粉剂5000倍液，或90%链霉素·土6000倍液，或25%叶枯唑可湿性粉剂600倍液。3～4天1次，连续喷2～3次。

(二十一)辣椒炭疽病

【症　状】 辣椒炭疽病可分为黑色和红色炭疽病,主要危害辣椒的果实和叶片,染病果实先出现水浸状、褐色椭圆形或不规则形病斑,扩大后稍凹陷,病斑有明显轮纹,上生黑色或红色小粒点。天气潮湿时溢出淡红色的黏稠状物。天气干燥时,果实病部干缩变薄且易破裂。叶片染病多发生在中老叶片上,产生近圆形褐色病斑,也生成轮状排列的黑色或红色小粒点。茎和果柄发病,出现不规则形褐色凹陷的病斑,干燥时表皮易破裂。

【病原及发病条件】 病原是半知菌亚门刺盘孢属的真菌。病菌以分生孢子附于种子表面或以拟菌核潜伏在种子内越冬,还可以菌丝体或分生孢子盘随病残体在土壤中越冬。通过风雨、昆虫或浇水传播。条件适宜时,从植株表皮的伤口侵入。可频繁进行再侵染。高温、高湿有利于此病发生。发病适温为 26℃～28℃,空气相对湿度大于 90%。条件适宜,病菌侵入后 3 天就可以发病。地势低洼,土质黏重,排水不良,种植密度过过大,氮肥过多,管理粗放都易于诱发此病害。

【防治措施】

1. 种子处理　若怀疑种子带菌,可先用清水浸种 3～4 小时,再放入 0.1%氢氧化钠溶液或 0.1%高锰酸钾溶液中浸种 15 分钟,捞出后用清水冲洗干净再催芽播种。

2. 清园　采收后及时清除病残体,与非茄科作物轮作 2 年以上。

3. 施肥　施足充分腐熟的有机肥,适当增施磷、钾肥。

4. 药剂防治　发病初期可选喷下列药剂,40%氟硅唑乳油 7 500倍液,或 10%苯醚甲环唑水分散粒剂 1 500 倍液,或 50%嘧菌环胺(和瑞)1 000 倍液,或 25%嘧菌酯可湿性粉剂 1 500 倍液,或 1%武夷菌素水分散粉剂 300 倍液,或 1 000 亿/克枯草芽孢杆菌800倍液,或64%噁霜·锰锌可湿性粉剂600倍液,或70%丙森锌可湿性粉剂600倍液,或25%咪鲜胺可湿性粉剂800倍液,或65%代森锌可湿性粉剂700倍液,隔5～7天喷1次,连续喷2～3次。

(二十二)辣椒日灼病

【症状及发病原因】 辣椒日灼病为主要发生在果实上的一种生理性病害,当土壤缺水,天气干热,雨后立即转晴,植株长势弱,叶片遮荫不良,果实表面受强光直射,温度升高烧伤表皮细胞,病部变为灰白色或浅黄色革质状,果肉坏死变褐。后期病斑上可经常看到灰黑色霉层或腐烂,是其他杂菌腐生造成的。

【防治措施】 主要从加强田间管理等措施进行防治。①合理密植。根据品种的株型长势、适当增加株数可以改善植株间的遮荫条件,相互保护,以减少阳光直射果面的概率。②加强管理,及时浇水,中耕松土,增施磷、钾肥,促进茎叶生长,果实发育,创造良好的叶片遮荫条件。及时防治病虫害,防止植物早衰和病虫危害引起的落叶。③露地栽培与玉米、豇豆、菜豆等高秆作物间作,减少太阳直射,改变田间小气候,减轻发病。

(二十三)辣椒落花、落果

【发病原因】 辣椒在花芽分化时期由于不良环境条件的影响,短柱花增多,短柱花授粉不良,造成落花。由于栽培管理不当,如栽培密度过大,氮肥施用过多,而造成植株徒长,使营养生长和生殖生长失去平衡,使辣椒花、果营养不足而脱落。高温干旱,水分蒸发量大,也会抑制植株对肥水的需求,气温超过35℃时会影响授粉、受精,引起落花落果。冬、春季栽培遇到连续的阴雨天,使光照不足,温度长时间低于15℃,也会影响辣椒授粉及花粉管的伸长,导致落花,即使授粉,果实也发育不良,易脱落。病虫害严重也可造成落花落果。

【预防措施】

1. 加强栽培管理 实行轮作，培育壮苗，适时定植，合理密植，改善通风条件，调节好田间小气候，使植株有个好的生长环境。

2. 通风 在开花结果阶段应加大通风量，白天棚温保持20℃～27℃，夜间温度不低于15℃时可昼夜通风，只有通风良好，植株才能生长旺盛，坐果率才高。辣椒开花结果阶段一般要求空气相对湿度在55%～65%，进入盛果期宜保持土壤湿润，棚内提倡膜下暗灌，勿大水漫灌。

3. 采用配方施肥技术 追肥时应增施磷钾肥，减少氮肥用量。结合防治病虫害喷碧护2～3次，提高植株抗逆性。

4. 防治病虫害 做好病虫害防治工作，及时喷药防治。

（二十四）黄瓜霜霉病

【症　状】 黄瓜霜霉病又称跑马干，主要危害叶片，多从下、中部叶片先发病，在叶片正面出现近多角形、水浸状、淡黄色至鲜黄色病斑，继续扩展后，因受叶脉限制呈明显的多角形病斑，病斑变为褐色，但边缘仍呈黄绿色。天气潮湿时在病斑的背面长出紫黑色的霉层。发病严重时，许多病斑相连成片，病叶枯死。

【病原及发病条件】 病原是鞭毛菌亚门假霜霉菌属的真菌。通过气流、风雨或昆虫传播，从叶片的气孔、皮孔侵入。霜霉病是一类流行性特别强的病害，在适宜的条件下，很短的时间内便可以流行造成毁灭性的灾害。病菌在温度20℃～24℃、空气相对湿度高于85%的条件下，仅4～5天就可以发病，温度超过30℃，或低于15℃，病菌生长受到抑制。孢子囊必须在叶面有水滴或水膜存在时才能萌发。多雨雾空气潮湿，昼夜温差大的天气条件下，有利于孢子囊的形成、萌发和侵染。地势低洼、土质黏重、排水不良，种植过密，整枝绑蔓不及时，田间杂草丛生、湿度大，种植感病品种、土壤肥力差、结瓜后植株脱肥、过量偏施氮肥，都会降低植株抗病性，加重发病程度。

【防治措施】

1. 选用抗病品种 目前抗病程度较高的品种，如中农16号、中农26号、津丰顺美、津优1号、津优35号、津优36号、盛丰新秀、椰风8号等。

2. 栽培防病 选地势较高，排水良好地块，高畦种植。采用穴盘基质育苗，培育无病壮苗。在施足充分腐熟的有机肥的基础上，适当增施磷、钾肥，开花结瓜后要及时追肥、勤浇水，全生育期喷洒磷酸二氢钾、碧护、农保赞等微肥4～5次，防止植株早衰。保护地白天温度控制在25℃～30℃，注意通风排湿，及时整枝绑蔓，勤中耕除草。

3. 高温闷棚 在发病中期较重时，晴天中午封棚升温，使生长点处温度达到44℃～46℃，保持2小时，然后缓慢降温。需要注意的是，在闷棚的前一天要先浇一小水，处理后及时浇水追肥。每次可控制病情7～10天。温度低于42℃效果不好，高于48℃黄瓜可能受害。

4. 药剂防治 定植前喷一遍药以带药移苗，定植后发病前喷药预防，可用50%嘧菌环胺1 000倍液，或25%嘧菌酯1 500倍液或99%高锰酸钾800倍液，或53.8%氢氧化铜水分散粒剂800倍液。出现中心病株摘除病叶立即打药，可选用64%噁霜·锰锌600倍液，或72%霜霉威盐酸盐可湿性粉剂800倍液，或70%烯酰·吡唑酯600倍液，或68%精甲霜·锰锌可湿性粉剂600倍液，或60%代森联可湿性粉剂800倍液，或52.5%噁酮霜脲氰1 000倍液，或25%双炔酰菌胺可湿性粉剂1 000倍液，或3%多抗霉素水剂300倍液，或72%霜脲·锰锌(克露)600倍，或99%高锰酸钾800倍液，或53.8%氢氧化铜800倍液，隔5～7天喷1次，连续喷3～5次。

（二十五）黄瓜白粉病

【症　状】　黄瓜白粉病又称白毛，从幼苗至收获期都可受害，是危害瓜类生产的重要病害之一。主要危害瓜类的叶片，叶柄、茎蔓也可危害。下部叶片先发病，发病初期，在叶正面出现分散的褪绿斑点，很快在褪绿斑点正面或背面产生白色近圆形的小粉斑，以后扩大成边缘不明显的白斑，随后互相连接使整片叶表层像撒满一层白粉，后期白粉变成灰白色或红褐色，其中长出许多黑色小粒点，是病菌的有性世代闭囊壳，叶片枯黄发脆，一般不脱落。叶柄和茎蔓染病，在病部同样会长出白粉状霉层，严重时可使叶柄或茎蔓萎缩干枯。

【病原及发病条件】　病原是子囊菌亚门单丝壳属和白粉菌属病菌引起的一种真菌病害。以闭囊壳随病残体在低温干燥的土中或菌丝体在植株的表面越冬，通过气流或雨水传播，不侵入寄主而在寄主表面繁殖，直接进入寄主表皮细胞吸取营养。保护地温度为16℃～24℃，空气相对湿度80%以上易发病。潮湿闷热棚内空气不流动有利于发病。栽培管理粗放，灌溉施肥不合理，植株徒长，枝叶过密，通风不良，湿度大，光照弱发病重。

【防治方法】

1. 选用抗病品种　如改良津春5号、津绿1号、中农16、中农26、津丰顺美、津优1、津优35、津优36、盛丰新秀等。

2. 加强控病措施　注意田间通风透光，降低湿度，加强肥水管理，及时浇水防止土壤干旱，使植株不致缺水。施足有机肥，增施磷、钾肥，防止植株早衰。

3. 药剂防治　定植前可用硫黄粉每667平方米4～5千克点燃熏棚1夜。也可在发病前每667平方米用45%百菌清、20%三唑酮烟剂250克熏蒸。发病始期可选喷下列药剂：50%嘧菌环胺可湿性粉剂1 000倍液，或25%嘧菌酯1 500倍液，或20%三唑酮

800倍液，或12.5烯唑醇1 500倍液，或40%氟硅唑乳油7 500倍液，或10%苯醚甲环唑水分散粒剂1 500倍液，或1%武夷菌素水剂300倍液。隔5～7天喷1次，连续喷3～4次

(二十六)黄瓜枯萎病

【症 状】 黄瓜枯萎病又称萎蔫病、蔓割病，典型症状是萎蔫。开花结果后即陆续出现，初期病株叶片从下向上逐渐萎蔫，似缺水状，早晚可恢复，中午明显，以后整株叶片枯萎下垂，不能复原，茎基部稍缢缩，有时溢出琥珀色胶状物。病根变褐色，茎基部常纵裂，维管束呈褐色，湿度大时表面生出白色或粉红色霉，田间常是连片发生。幼苗发病，茎基部变褐色呈猝倒状。

【病原及发病条件】 枯萎病的病原是半知菌亚门黄瓜尖镰孢菌和瓜萎镰孢菌引起的。病菌主要以菌丝厚垣孢子和菌核在病残体和土壤中越冬，也可在种子上越冬。病菌在土壤中可存活6～7年。在温、湿度适宜的条件下，菌丝体可产生大量的分生孢子，通过灌溉水、土壤耕作、地下害虫或根结线虫由根部伤口或根毛顶端细胞间侵入传播。是一种土传病害，维管束病害。连作发病较重。土质黏重，排水不良，地温低，管理粗放，平畦栽培，使用未腐熟的有机肥，偏施氮肥，地下害虫多，土壤pH值4.5～6，气温24℃～28℃发病重。

【防治方法】

1. 选用抗病品种 如改良津春5号、津绿1号、中农16号、中农26号、津丰顺美、津优1号、津优35号、津优40号、盛丰新秀、北京102等。

2. 进行种子处理 播前用清水浸种3～4小时，再放入0.1%氢氧化钠溶液或0.1%高锰酸钾溶液中浸种15分钟，捞出后用清水冲洗干净再催芽播种。

3. 加强栽培管理 避免同作物连作。收获后应彻底清园，将

残体带出田外烧毁。播种前翻晒土壤，酸性土壤整地时每 667 平方米施 50～100 千克生石灰。采用基质育苗，防止土壤带菌。加强幼苗管理，促使幼根发育培育壮苗。避免施未腐熟的有机肥，定植后小水勤浇，做到氮磷钾平衡施肥。

4. 嫁接 利用嫁接技术防治效果达到 95%以上，常用的砧木品种有绿洲天使、新锐一号。

5. 药剂防治 发病初期可用 50%多菌灵可湿性粉剂 500 倍液，或 10%苯醚甲环唑水分散粒剂 1 500 倍液，或 1%武夷菌素水剂 300 倍液，或 10%氟霜唑 1 000 倍液，或 21%过氧乙酸 800 倍液，或 99%高锰酸钾 800 倍液，或 53.8%氢氧化铜水分散粒剂 800 倍液，灌根 2～3 次，每株灌药 250 克。

（二十七）黄瓜炭疽病

【症　状】 黄瓜炭疽病主要危害叶片、茎和果实。幼苗期发病，在子叶的边缘出现黄褐色半圆形或圆形病斑，茎基部受害缢缩变色猝倒。成株期发病，病叶边缘先出现水浸状圆形或椭圆形褐色或黑褐色病斑，外有黄褐色晕圈，同时出现同心轮纹。潮湿时叶片上长有黑色小粒点或粉红色黏状物。天气干燥时病斑中部易破裂穿孔，许多病斑相连时可使叶片干枯。叶柄、茎蔓受害，病斑黑褐色长圆形微凹陷，上生黑色小粒点，病斑环绕叶柄或茎蔓一周，引起叶片或全株凋萎。黄瓜果实染病，产生淡绿色油渍状病斑，后变为黑褐色，中间稍凹陷颜色较深，上生许多黑色小点，病果弯曲，严重时可使病果腐烂。

【病原及发病条件】 病原物是半知菌亚门刺盘孢菌属真菌。病菌以菌丝体及分生孢子盘在病残体或土壤中越冬，通过风雨、昆虫或人畜传播，直接侵入。白天气温在 24℃，空气相对湿度 97%以上，发病最快。高温、多雨、潮湿的天气，与瓜类作物连作，地势低洼排水不良，种植密度高，通风不良，田间湿度高，植株衰弱，偏施氮肥等，利于该病的发生和流行。

【防治方法】 防治瓜类炭疽病可采取下列综合措施。

1. 选用抗病品种 如改良津春5号、津绿1号、中农16号、津丰顺美、津优1号、津优35号、津优40号、北京102等。

2. 选无病种子，进行种子处理 可采用温汤浸种，或用福尔马林100倍液浸种30分钟，清洗催芽后播种。

3. 加强栽培管理 选排水良好的砂壤土种植，与非瓜类作物实行3年轮作。注意清除田间病残体；施足基肥，增施磷、钾肥，及时排水，结瓜期及时追肥，通风降湿，采收后清洁田园。

4. 药剂防治 发病初期可选喷70％代森锰锌600倍液，或70％甲基硫菌灵800倍液，或40％氟硅唑乳油7 500倍液，或10％苯醚甲环唑水分散粒剂1 500倍液，或50％嘧菌环胺1 000倍液，或25％嘧菌酯1 500倍液，或1％武夷菌素水剂300倍液，或70％丙森锌600倍液，或25％咪鲜胺800倍液，或65％代森锌700倍液，或99％高锰酸钾800倍液，隔5～7天喷1次，连续喷3～4次。

(二十八)黄瓜疫病

【症　状】 幼苗、成株均可发病，侵害茎叶和果实，以茎基部、节部发生较多。茎基部、节部发病初现暗绿色水浸状不规则形病斑，很快变为黑褐色，并逐渐缢缩，病斑以上的茎蔓逐渐萎蔫枯死。病情发展迅速，叶片枯萎时仍为绿色。叶片染病，初生暗绿色水浸状病斑，后迅速扩展为圆形、或不规则形大斑。潮湿时病斑似水烫状全叶腐烂，干燥时病斑边缘暗绿色中间褐色，易破碎。果实染病多在蒂部先发病，形成暗绿色圆形水浸状凹陷斑，后迅速扩展至全果。潮湿时可见白色稀疏的霉。

【病原及发病条件】 病原是鞭毛菌亚门疫霉属真菌。卵孢子、厚垣孢子或以菌丝体随病残体在土壤中越冬，种子亦可以带菌。通过风雨、灌溉水或土壤耕作传播。病菌在有水滴、高湿和较高温度下发病重，最适温度28℃～30℃。雨量大、空气相对湿度大，地势低洼、土质黏重，瓜类连作菌原多，管理粗放，打杈绑蔓除草不及时，土壤缺肥，或施用未腐熟的有机肥，以及浇水过勤、过大，都有利于该病发生。

【防治方法】

1. 选用抗病品种　如津春5号、津绿1号、中农16号、中农26号、津丰顺美、津优1号、津优35号、津优40号、盛丰新秀、北京102等。

2. 进行种子处理　先用清水浸泡种子，然后用福尔马林100倍液浸种30分钟，或用高锰酸钾1 000倍液浸种15分钟，清洗干净催芽后播种。

3. 合理轮作　与非瓜类蔬菜轮作3年，并增施充分腐熟的有机肥。

4. 加强栽培防病　定植前清除病残体，小高畦深沟种植，采用膜下暗灌，苗期适当控水促根系发育，成株期小水勤浇保持土壤湿润，进入结瓜期要供应充足的肥水，并适当增施磷、钾肥。及时整枝绑蔓，中耕除草，摘除老叶，以利于通风降湿。

5. 药剂防治　发病初期立即喷药，除喷植株外同时喷地面控病，可选用50%嘧菌环胺可湿性粉剂1 000倍液，或25%嘧菌酯可湿性粉剂1 500倍液，或2%武夷菌素水剂300倍液，或64%噁霜·锰锌可湿性粉剂600倍液，或72%霜霉威盐酸盐水剂800倍液，或17.8%烯酰·吡唑酯600倍液，或52.5%噁酮霜·脲氰可湿性粉剂1 000倍液，或25%双炔酰菌胺可湿性粉剂1 000倍液，或70%丙森锌可湿性粉剂600倍液，或25%咪鲜胺乳油800倍液，或65%代森锌可湿性粉剂700倍液，或10%氟霜唑可湿性粉剂1 000倍液，或21%过氧乙酸800倍液，或68%甲霜·锰锌可湿性粉剂600倍液，或3%多抗霉素水剂300倍液，或72%霜脲·锰锌可湿性粉剂600倍，或0.5%小檗碱800倍液，或68.75%霜霉威盐酸盐·福氟吡菌胺可湿性粉剂1500倍液，隔5～7天喷1次，连续喷3～4次。上述药剂最好交替使用。

(二十九)黄瓜灰霉病

【症 状】 黄瓜灰霉病主要危害黄瓜的花、果实、叶片、茎。病菌主要从开败的雌花侵入，导致花萎缩腐烂，长出灰褐色霉层。进而向幼瓜扩展，使小瓜条变软、腐烂和萎缩，并长出灰褐色霉层。大瓜被害时病部先变黄，产生灰白色的霉，后霉层变为灰褐色腐烂脱落。烂瓜、烂花上的霉状物落在茎和叶片上导致叶片和茎发病。一般叶部病斑先从叶尖发生，形成水浸状大斑，边缘明显，后变为灰褐色，潮湿时病斑中间产生少量灰色霉层。烂瓜或烂花附着在茎上时，能引起茎部的腐烂，严重时整株枯死。

【病原及发病条件】 病原为半知菌亚门灰葡萄孢属真菌。病菌以菌核、菌丝体或分生孢子在病残体或土壤中越冬。随气流、雨水及农事操作进行传播。最适发病温度为20℃～23℃和持续90%以上的高湿条件。高湿是黄瓜灰霉病发生流行的主要原因，春季连阴天，气温低，光照不足，棚内湿度大，结露持续时间长，通风不及时，适宜病害发生流行。温度高于30℃，病害发生缓慢。

【防治方法】

1. 选择抗病品种 天津市农业科学院黄瓜研究所津春、津优系列品种及津绿1号、中农16号、中农26号、北京102等品种均较抗灰霉病。

2. 创造高温和相对低湿的生态环境 可抑制病菌的滋生和蔓延。在温室北墙上张挂反光幕，增加棚内反射光照。采用变温管理，晴天早晨适时早揭草帘，增加光照时间，同时通风30分钟，降低棚内湿度。然后关闭通风口，当棚内气温升至32℃，再开通风口通风排湿，当棚内气温降至24℃时，关闭通风口。下午棚内气温降至20℃～22℃时覆盖草苫等保温物，夜间气温保持在14℃

以上可有效地抑制病菌滋生蔓延。

3. 加强栽培管理 保持棚面清洁，增强光照，避免在阴雨天浇水，防止大水漫灌，最好选在晴天上午浇水。推广高畦种植，膜下暗灌或滴灌技术，降低棚内湿度，减少棚顶及叶面结露时间。前茬作物拉秧后，清除病残体，及时摘除病叶、病花、病果及黄叶，带至棚室外焚烧或深埋。所施有机肥料必须充分发酵腐熟，结果期后还可在地面撒施二氧化碳缓释颗粒，补充棚内二氧化碳的不足。

4. 药物防治 防治黄瓜灰霉病的最佳适期为发病初期即开花结果期。保护地发病初期采用烟雾剂或粉尘剂，烟雾剂用10%腐霉利烟剂，或45%百菌清烟剂，或40%异菌脲烟剂，每667平方米用250克，傍晚用暗火点燃后立即密闭烟熏1夜，翌日开门通风。粉尘剂于傍晚喷撒10%粉尘剂，或5%百菌清粉尘剂，或10%粉尘剂，每次1千克/667米^2。喷洒药剂可用75%百菌清可湿性粉剂600倍液，或0.5%小檗碱可湿性粉剂800倍液，或0.3%丁子香酚可湿性粉剂1 000倍液，或70%甲基硫菌灵可湿性粉剂800倍液，或50%多菌灵可湿性粉剂500倍液，或50%腐霉利可湿性粉剂1 000倍液，或1 000亿个/克枯草芽孢杆菌800倍液，或1.1%儿茶素1 000倍液，或50%异菌脲（扑海因）1 000倍液，或40%嘧霉胺1000倍液，或40%氟硅唑乳油7 500倍液，或10%苯醚甲环唑水分散粒剂1 500倍液，或50%嘧菌环胺1 000倍液，或25%嘧菌酯可湿性粉剂1 500倍液，或2%武夷菌素水剂300倍液，或99%高锰酸钾800倍液，5～7天熏或喷1次，连续2～3次，由于灰霉病极易对药物产生抗药性，应轮换交替或复配用药。

（三十）黄瓜黑星病

【症　状】 黄瓜黑星病在黄瓜整个生育期均可发生，可危害叶、茎、瓜条以及生长点。叶片被害，产生褪绿的近圆形小斑点，逐渐扩大，干枯后呈黄白色，容易穿孔，孔的边缘不整齐略皱，且边缘具黄晕，穿孔后的病斑呈星状。茎、叶柄染病时，形成水渍状暗绿色菱形斑，后变暗褐色，凹陷龟裂，形成疮痂状病斑，湿度大时常生灰黑色霉层。生长点受害时萎蔫变褐，潮湿时2～3天腐烂，形成秃尖。瓜条染病，病瓜流出半透明胶状物，后变成琥珀色，病斑呈疮痂状暗绿色凹陷，表面长出灰黑色霉层，瓜条向病斑内侧弯曲，形成畸形瓜。

【病原及发病条件】 病原为半知菌亚门枝孢属病菌。以菌丝体在田间的病残体、土壤中及棚架上越冬，也可以菌丝潜伏在种子内越冬，成为翌年的初侵染源。病菌以分生孢子借气流、雨水和农户操作传播。发病适宜温度为18℃～22℃、空气相对湿度90%以上。该病属于低温、高湿病害，保护地内湿度大，棚顶及植株叶面结露，室内温度低，植株过密，天气连续阴雨、光照少，连作等均有利于该病的发生和流行。

【防治方法】

1. 选用抗病品种 改良津春2号、津绿1号、中农26号、津丰顺美、津优13号、津优35号、津优12号等。

2. 种子处理 坚持从无病区引种，对种子进行消毒处理，防止种子带菌传病。可用温汤浸种，即55℃温水浸种15分钟，或用0.1%高锰酸钾浸种15～20分钟，清水冲洗后催芽播种。均可取得良好的杀菌效果。

3. 轮作 条件允许情况下，与非瓜类作物实行3年以上的轮作。不能轮作的必须对棚室进行消毒。在定植前10天左右，每667平方米用硫黄粉4～5千克和适量锯末拌均匀后，分放在棚室内几处点燃，封棚熏烟1夜。

4. 加强栽培管理 清除棚内病残体，带至棚外集中烧掉或深埋。培育壮苗，增强植株抗病性。施足基肥，适时追肥，增施磷、钾肥，避免偏施氮肥。小高畦定植，覆盖地膜，通风排湿，控制灌水，采用膜下暗灌、保水剂、滴灌等节水技术，降低棚内空气和土壤湿度。合理密植，及时摘掉病老叶，并注意大棚增光和通风。

5. 药剂防治 发病前可用45%百菌清烟剂，或40%异菌脲（扑海因）烟剂250克每667平方米在傍晚闭棚后熏蒸1夜，或在定植后喷洒50%嘧菌环胺可湿性粉剂1 000倍液，或25%嘧菌酯可湿性粉剂1 500倍液预防发病。一旦发病立即用药防治，可用75%百菌清可湿性粉剂600倍液，或0.5%小檗碱800倍液，或克枯草芽孢杆菌可湿性粉剂800倍液，或1.1%儿茶素1 000倍液，或50%异菌脲可湿性粉剂1 000倍液，或40%嘧霉胺可湿性粉剂1 000倍液，或40%氟硅唑水分散粒剂7 500倍液，或10%苯醚甲环唑水分散粒剂1 500倍液，或1%武夷菌素可湿性粉剂300倍液，或70%丙森锌可湿性粉剂600倍液，或65%代森锌700倍液，0.5%大黄素甲醚水剂800倍液，或12.5%腈菌唑可湿性粉剂4 500～5 000倍液，或68.75%霜霉威盐酸盐·福氟吡菌胺可湿性粉剂1 500倍液，或99%高锰酸钾800倍液，隔5～7天喷1次，连喷2～3次。交替用药防治效果更好。

（三十一）黄瓜角斑病

【症　状】 角斑病主要危害叶片。叶片受害，正面病斑呈淡褐色，背面受叶脉限制呈多角形，初为水浸状斑，湿度大时叶背可见乳白色菌脓，干后留下一层灰白色膜，病斑常开裂、穿孔。严重时造成叶片枯死。果实上病斑初呈水浸状，向内扩展沿维管束果肉变色，可蔓延到种子。

【病原及发病条件】 病原是假单胞杆菌，为一种细菌。可在种皮和种子内部或随病残体在土壤中越冬，在土中可存活2年。通过雨水、农事操作或昆虫传播，从植株的气孔、水孔、皮孔或伤口侵入。多雨和高湿是此病流行的主要条件，最适于发病的温度为22℃～26℃。温暖、多雨、潮湿、低洼、多年重茬的条件下发病严重。

【防治方法】

1. 种子处理 防止种子带菌。播种前用55℃温水浸种，同时不断搅拌，保持水温15分钟，然后降至常温，或用40%甲醛150倍液浸种20分钟，或用1 000万单位硫酸链霉素可溶性粉剂5 000倍液浸种20分钟，然后用清水冲洗干净便可催芽播种。

2. 避免连作 与非瓜类作物轮作2年以上。

3. 加强田间管理 清洁田园，深翻晒田，及时插架（吊绳）、绑蔓（绕蔓），及时中耕除草，摘除老叶，以利于田间通风降湿。

4. 药剂防治 发病初期可喷下列药剂：53.8%氢氧化铜水分散粒剂800倍液，或72%农用链霉素可溶性粉剂5 000倍液，或90%链霉类·土可湿性粉剂6 000倍液，25%叶枯唑可湿性粉剂600倍液，或65%代森锌700倍液，或99%高锰酸钾800倍液。隔5～7天1次，连续喷3～4次。

三、果类蔬菜主要虫害

（一）棉铃虫、烟青虫

【为害症状】 棉铃虫、烟青虫均属于鳞翅目，夜蛾科。是果类蔬菜主要的蛀果害虫，以幼虫蛀食花蕾、果实为主，也为害叶片及嫩茎。果实被虫蛀后引起腐烂并造成大量落果，造成大量减产。

【生活习性】 以老熟幼虫化蛹在寄主根际附近土中越冬。棉铃虫和烟青虫一般将卵产在植物中、上部的叶片或嫩梢上，1～2龄幼虫开始为害嫩叶或嫩茎，3龄以后钻蛀为害果实，可转株为害，每只幼虫可钻蛀3～8个果实，在早晨露水干后，温度回升时，爬出果实表面或叶片上活动。幼虫发育以25℃～28℃和空气相对湿度75%～90%最为适宜，第二代幼虫期为防治的关键时期。

幼虫对半萎蔫的杨树枝把趋性较强，具有一定的趋光性、趋化性，有假死性及自相残杀的习性。

【防治方法】

1. 搞好害虫预测预报 掌握害虫的发生动态和用药适期，并及时摘除虫果和破坏虫卵。

2. 农业防治 冬耕灭蛹：秋、冬季耕翻土地，消灭越冬蛹。冬季或早春浇水，加强田间管理，及时整枝打杈，注意摘除虫果，捕捉幼虫，可以降低田间虫口密度，减轻为害。叶面喷施1%过磷酸钙可降低成虫产卵率。

3. 诱捕成虫 利用成虫的趋光性和趋化性，在成虫盛发期可采用杨树枝把、黑光灯、高压汞灯或性诱剂进行诱杀。菜田种植玉米诱集带，能减少棉铃虫在蔬菜上的产卵量。在幼虫为害期，于阴天或晴天的早晨检查心叶及嫩叶，在新鲜虫孔或虫粪附近找出幼虫并杀死。

4. 保护和利用天敌 充分发挥天敌的自然控制作用。利用中华草蛉、广赤眼蜂、小花蝽等自然天敌，控制其为害。注意天敌的利用，要尽量少用化学农药，因为化学农药在杀死害虫的同时，也杀死了有益的天敌生物。

5. 生物防治 苏云金杆菌或棉铃虫核多角体病毒，是很好的生物杀虫剂，在成虫卵高峰后的3～4天及6～8天连续喷洒2次，能使幼虫大量染病死亡。

6. 药剂防治 关键在幼虫尚未蛀入果内前(即卵孵化盛期或幼虫二龄以前阶段)施药，三龄以上幼虫，应在早晨露水干后，幼虫爬出后防治。可选用2.5%高效氟氯氰菊酯可湿性粉剂2 000～3 000倍液，或5%氯氰菊酯可湿性粉剂20 000倍液，或5%顺式氯氰菊酯可湿性粉剂1 500～2 000倍液，或20%甲氰菊酯可湿性粉剂2 000～3 000倍液，或2.5%溴氰菊酯可湿性粉剂2 000～3 000倍液，或1.5%高效氯氟氰菊酯可湿性粉剂2 000倍液，或2%甲氨基阿维菌素苯甲酸盐(甲维盐)可湿性粉剂3000倍液,或20%氰戊菊酯可湿性粉剂2000倍液,或2%阿维菌素可湿性粉剂3000倍液,间隔5～7天,连续喷2～3次。

(二)红蜘蛛、茶黄螨

【为害症状】 红蜘蛛、茶黄螨均为蛛形纲、蜱螨目害虫。红蜘蛛以成、若螨群集寄主植物的嫩叶背面、嫩梢、幼果吸食汁液,叶片被害初期出现褪绿斑点,后变为红褐色,远看似火烧状。使受害果实变色、畸形、脱落,严重影响产量和品质。茶黄螨为害茄子使叶片变小、变硬、增厚,茸毛弯曲或脱落,颜色变为茶褐色,叶缘向背面卷曲,果柄、果实变小、变硬、果皮亦变为黄褐色,开裂形成开花馒头状,种子外露。辣椒受害后叶片的叶缘向下畸形卷曲,渐变锈褐色,果实变为黄褐色,植株矮小、丛生,常见落叶、落花、落果呈秃枝。黄瓜受害后造成顶梢生长停滞,叶片细小、变褐,形成秃尖。果实细小无光泽。

【生活习性】 红蜘蛛在高温干旱气候条件下繁殖迅速,温度29℃～31℃、空气相对湿度35%～55%最适宜发育。以卵或雌成螨在植物的裂缝、树皮缝、土缝、落叶及杂草根际等处越冬。靠爬行或风、雨水及人为传播。干旱年份应少使用氮肥,通风差、浇水少、杂草多也易导致红蜘蛛的大量发生。茶黄螨喜高温潮湿,最适宜的生长发育温度25℃～30℃、空气相对湿度80%以上。以成螨在温室大棚或露地杂草根部越冬。连阴天,光照弱,湿度大,排水不良发生重。具明显的趋嫩性。

【防治方法】

1. 清洁田园 清除枝干上的枯叶、落叶以及杂草等越冬场所,消灭过冬雌成虫、卵等。

2. 加强栽培管理 定植前应检查秧苗是否含有螨类卵块,合理施肥和浇水,避免过度干旱或潮湿,增施有机肥,减少氮肥的使用。

3. 生物防治　红蜘蛛自然天敌的种类和数量很多，捕食害螨的昆虫主要有捕食性螨、大草蛉、瓢虫、小花蝽等，保护和利用天敌时，适当提高湿度，有利于增加天敌数量。当益害比为1∶50以上时，可有效控制害虫。

4. 药剂防治　当害螨点片发生时及时施药是防治红蜘蛛、茶黄螨的重要措施。可选用5%阿维·甲氰2000倍液，或7.5%甲氰·噻螨酮2000倍液，或1.8%阿维菌素3000倍液，或2%甲氨基阿维菌素苯甲酸盐（甲维盐）乳油3000倍液，隔10天喷1次，连续喷3～4次。喷药时，植株中下部及叶背都要喷到，并要喷布均匀。同时或交叉使用2种以上药剂，不要任意加大用药浓度，以免产生抗药性。

（三）蚜　虫

【为害症状】　为害茄果类、瓜类蔬菜的蚜虫主要是瓜蚜、桃蚜、麦蚜，属同翅目，蚜科。蚜虫以成虫或若虫刺吸植株茎、叶内的汁液，尤其是幼嫩部位，常群居在叶背，造成叶片皱缩、卷曲、畸形，使植株生长发育受阻，严重时植株枯萎死亡。蚜虫分泌的蜜露，滋生大量杂菌，从而诱发煤污病，妨碍光合作用，降低产量和品质。蚜虫还是传播病毒病的主要媒介。

【生活习性】　蚜虫在温室内一年四季都可生长繁殖，在露地以卵在杂草或植株残体根部越冬。1年发生多达20～30代。在生活环境良好的条件下，一般产生无翅蚜，而当环境或营养条件恶劣，如温度高、光照延长或不足、空气相对湿度低、植物水分不够、植株衰老、糖分增加或虫群密度大时就会产生有翅蚜，进行迁飞。在9℃～25℃和空气相对湿度35%～75%时，温、湿度越高，繁殖越快。蚜虫还具有报复性繁殖的特点，一旦被害，就会向其他同类发出信息，同类的繁殖会很快地增加。蚜虫对黄色有正趋性，对银灰色有负趋性。

【防治方法】

1. 栽培防治 控制苗期，保证无虫苗进棚。清除前茬，清洁田园要及时彻底，随时间拔虫苗，减少虫口。合理保护和利用当地自然天敌，蚜虫的天敌主要有瓢虫、草蛉、食蚜虻、花蝽、蚜茧蜂等。合理施肥，控制氮肥过量施用，确保作物健壮生长。

2. 物理防治 在温室、大棚的通风口用防虫网覆盖，防止蚜虫飞入为害；利用蚜虫对银灰色的驱避性，在棚内地面铺银灰膜或在风口处张挂银灰膜条趋避蚜虫；还可利用蚜虫的趋黄性，在植株顶部挂黄板诱杀。黄板可购买成品，也可利用纤维板或硬纸板自制，将之裁成30厘米×40厘米长方形，涂上黄色油漆，再涂上一层黏油（可使用10号机油加少许黄油调匀），每667平方米设置30～35块，置于行间，略高于植株高度。当蚜虫粘满板面时，需及时重涂黏油或更换。

3. 药剂防治 可在定植前每667平方米用硫黄粉4～5千克或20%敌敌畏烟剂400克熏棚，或穴施根用缓释农药（吡虫啉）每株1粒，防治效果可达90%以上。定植后可用20%敌敌畏烟剂400克或10%毒死蜱烟剂熏杀。抓住蚜虫点片发生阶段进行药剂喷雾防治，可用10%噻嗪酮可湿性粉剂1000倍液，或25%噻虫嗪3000～5000倍液，或5%啶虫脒可湿性粉剂2000倍液，或20%吡虫啉可湿性粉剂2000倍液，或5%氟苯脲可湿性粉剂1500倍液，或100克/升吡丙醚乳油1000倍液，5～7天喷1次，连续3～4次。

（四）白粉虱、烟粉虱

【为害症状】 成虫和若虫群集于叶背吸食植物汁液，使叶片褪绿、变黄，生长停滞，严重时叶片萎蔫枯死。同时，分泌大量蜜露，影响光合作用，严重污染叶片和果实，空气相对湿度大时往往引起煤污病的发生，使蔬菜失去商品价值。

【生活习性】 白粉虱、烟粉虱在北方温室1年可发生10余代，以各虫态在温室越冬并继续为害，冬季在室外不能存活。成虫有强烈的趋黄性、趋嫩性，随着寄主植物的生长，在植株打顶以前，成虫追着顶部嫩叶产卵。可进行孤雌生殖，世代重叠严重，各种虫态同时存在。粉虱生长繁殖的适温为18℃～25℃，耐低温能力较强，高温、低湿条件不利于其活动。

【防治方法】 在白粉虱和烟粉虱发生初期就及时采取农业、物理、化学等措施防治。

1. 农业防治 培育无虫苗，把育苗棚和生产棚分开，育苗或定植前彻底熏杀棚内残余虫口，采收后清除杂草和植株残体。棚地附近避免种植瓜类、茄过类、豆类等粉虱发生严重的蔬菜。

2. 物理防治 在温室或大棚通风口处设置防虫网，控制外来虫源，由于烟粉虱个体较小，要求防虫网密度要在40～60目。还可在温室内设置黄板诱杀成虫。

3. 药剂防治 可在定植前每667平方米用硫黄粉4～5千克或20%敌敌畏烟剂400克熏棚，或穴施根用缓释农药(吡虫啉)每株1粒，防治效果可达80%以上。定植后可用20%敌敌畏烟剂400克或10%毒死蜱烟剂熏杀。药剂喷雾防治可用20%辣根素水剂800倍液，或10%噻嗪酮可湿性粉剂乳油1 000倍液，或25%噻虫嗪乳油3 000倍液，或5%啶虫脒可湿性粉剂2 000倍液，或20%吡虫啉可湿性粉剂2 000倍液，或5%氟苯脲(农梦特)1 500倍液，或100克/升吡丙醚乳油1 000倍液，5～7天喷1次，连续3～4次。白粉虱和烟粉虱易产生抗药性，需注意轮换施药。

(五)美洲斑潜蝇

【为害症状】 成虫刺伤植物叶片，吸食叶片汁液和产卵，幼虫潜入叶片和叶柄为害，产生不规则形白色虫道，互相交错，破坏叶绿素，严重影响光合作用，导致叶片早衰，枯萎脱落。

【生活习性】 美洲斑潜蝇属双翅目，潜蝇科。在露地不能越冬，温室可周年发生，雌虫把卵产在部分伤孔表皮下，高温可缩短其寿命，当温度在30℃以上时，幼虫的死亡率会明显增高。成虫可以耐受短时间的低温。成虫的取食和产卵主要在上午进行，世代短，繁殖能力强。

【防治方法】

1. 农业防治 与美洲斑潜蝇不为害的作物进行轮作；合理稀植，增加田间通透性；收获后及时清洁田园，把植株残体集中深埋、沤肥或烧毁。在通风口设置防虫网。在温室内悬挂黄板诱杀成虫。

2. 药剂防治 定植前用硫黄粉或敌敌畏熏棚。喷雾可用药剂有1.8%阿维菌素乳油3000倍液，或2%阿维菌素乳油3000倍液，或48%毒死蜱可湿性粉剂1500倍液，或20%吡虫啉可湿性粉剂3000倍液，或5%啶虫脒可湿性粉剂2000倍液，或5%氟苯脲(农梦特)1500倍液，或100克/升吡丙醚乳油1000倍液，或75%灭蝇胺可湿性粉剂2000倍液，或25%高效氯氟氰菊酯乳油2000倍液，在上午露水干后施药效果好。

(六)蝼　蛄

【为害症状】 成虫、若虫均在土中活动，咬食播下的种子、幼芽，咬断幼苗的根茎部，使受害的根部呈乱麻状，造成死苗。在表土层串行造成许多隧道，使秧苗根土分离，致使幼苗失水枯死，严重时造成缺苗断垄。

【生活习性】 直翅目，蝼蛄科，以八龄以上若虫或成虫在冻土层下越冬。20厘米地温15℃～20℃、气温20℃、闷热多雨时适宜其活动。上半夜活动剧烈。具有趋光性、趋化性，对马粪、煮半熟的谷子、麦麸、酒糟、豆饼等有强烈的趋性。疏松潮湿的砂壤土较多，黏土少，浇水后往上跑。

【防治方法】

1. 马粪和灯光诱杀 在田间挖30厘米见方的坑铺上新鲜的马粪，每天早晨捕杀成虫。设置黑光灯或高压诱虫灯诱杀成虫。

2. 食物诱杀 把谷子、麦麸等饵料炒至半熟，加入50%辛硫磷30倍水溶液150毫升左右，再加入适量的水拌匀成毒饵，傍晚撒于棚内地表，每667平方米用饵料4～5千克，施放前先浇水，保持地面湿润，效果更好。

3. 毒土法防治 整地前每667平方米可用3%辛硫磷颗粒剂4～5千克，或5%毒死蜱颗粒剂1千克，与适量细土混匀撒于地表后整地做畦。生长期被害，也可用50%辛硫磷乳油或50%毒死蜱乳油2 000倍液浇灌。

（十）蛴　螬

【为害症状】 幼虫始终居于土中，具有杂食性，喜食刚刚播下的种子、块根、块茎，引起腐烂，使作物生长衰弱。咬断小苗细根，咬口齐，还可咬断根茎使幼苗枯死，造成缺苗断垄。成虫则喜食叶、花、果。

【生活习性】 蛴螬是鞘翅目金龟甲总科幼虫的总称。以幼虫或成虫在土壤中越冬。按其食性可分为植食性、粪食性、腐食性3类。具有夜出性、趋光性、假死性、趋化性，对未腐熟的有机肥有强烈的趋性。适宜在地温14℃～22℃，疏松湿润的土壤中活动。

【防治方法】

1. 农业防治 有条件的地区可进行水旱轮作；精耕细作，深翻，施用充分腐熟的有机肥，减少虫源。还可施用氢氨每667平方米15千克减少害虫发生。合理灌溉，即在蛴螬发生严重地块，合理控制灌溉，或及时灌溉，促使蛴螬向土层深处转移，避开幼苗最易受害时期。

2. 诱杀 在田间设置黑光灯或高压诱虫灯诱杀成虫。

3. 药剂防治 与蝼蛄防治方法相同。

书名	定价
治原色图谱	24.00
图说温室菜豆高效栽培关键技术	9.50
寿光菜农日光温室菜豆高效栽培	12.00
提高豆类蔬菜商品性栽培技术问答	10.00
菜豆病虫害及防治原色图册	14.00
菜豆标准化生产技术	8.00
保护地菜豆豇豆荷兰豆种植难题破解 100 法	11.00
四棱豆栽培及利用技术	12.00
豆芽生产新技术(修订版)	5.00
袋生豆芽生产新技术(修订版)	8.00
山药栽培新技术(第 2 版)	16.00
山药无公害高效栽培	19.00
芦笋速生高产栽培技术	11.00
芦笋高产栽培	7.00
芦笋无公害高效栽培	7.00
图说芦笋高效栽培关键技术	13.00
魔芋栽培与加工利用新技术(第 2 版)	11.00
水生蔬菜栽培	6.50
野菜栽培与利用	10.00
莲藕栽培与藕田套养技术	16.00
莲藕无公害高效栽培技术问答	11.00
荸荠高产栽培与利用	7.00
甜竹笋丰产栽培及加工利用	9.00
笋用竹丰产培育技术	7.00

书名	定价
食用百合栽培技术	6.00
果树苗木繁育	12.00
无公害果品生产技术(修订版)	24.00
无公害果园农药使用指南	12.00
无公害果蔬农药选择与使用教材	7.00
设施果树栽培	16.00
果树病虫害生物防治	18.00
果树病虫害防治	15.00
果树病虫害诊断防治技术口诀	12.00
果树害虫生物防治	10.00
果树薄膜高产栽培技术	7.50
林果吊瓶输注液节肥节水增产新技术	15.00
果园农药使用指南	21.00
果树高效栽培 10 项关键技术	14.00
果树林木嫁接技术手册	27.00
果树嫁接技术图解	12.00
果树嫁接新技术(第 2 版)	10.00
名优果树反季节栽培	15.00
果品采后处理及贮运保鲜	20.00
果品的贮藏与保鲜(第 2 版)	15.00
果品优质生产技术	10.00
果品加工新技术与营销	15.00
红富士苹果无公害高效栽培	20.00
红富士苹果生产关键技术	10.00
苹果套袋栽培配套技术问答	9.00
苹果病虫害防治	14.00

新编苹果病虫害防治技术	18.00
苹果树合理整形修剪图解（修订版）	18.00
苹果无公害高效栽培	11.00
苹果优质无公害生产技术	9.00
图说苹果高效栽培关键技术	8.00
苹果病虫害及防治原色图册	14.00
苹果树腐烂病及其防治	9.00
怎样提高苹果栽培效益	13.00
提高苹果商品性栽培技术问答	10.00
梨树高产栽培（修订版）	15.00
梨省工高效栽培技术	9.00
梨套袋栽培配套技术问答	9.00
图说梨高效栽培关键技术	11.00
梨树矮化密植栽培	9.00
梨树整形修剪图解（修订版）	10.00
怎样提高梨栽培效益	9.00
提高梨商品性栽培技术问答	12.00
黄金梨栽培技术问答	12.00
油梨栽培与加工利用	9.00
三晋梨枣第一村致富经·山西省临猗县庙上乡山东庄	9.00
梨病虫害及防治原色图册	17.00
梨树病虫草害防治技术问答	15.00
桃标准化生产技术	12.00
桃树丰产栽培	9.00
桃树良种引种指导	9.00
桃树优质高产栽培	15.00
优质桃新品种丰产栽培	9.00
怎样提高桃栽培效益	11.00
日光温室桃树一边倒栽培技术	12.00
提高桃商品性栽培技术问答	14.00
桃树病虫害防治（修订版）	9.00
桃病虫害及防治原色图册	13.00
桃树整形修剪图解（修订版）	7.00
油桃优质高效栽培	10.00
桃杏李樱桃果实贮藏加工技术	11.00
桃杏李樱桃病虫害诊断与防治原色图谱	25.00
猕猴桃栽培与利用	9.00
猕猴桃标准化生产技术	12.00
怎样提高猕猴桃栽培效益	12.00
猕猴桃贮藏保鲜与深加工技术	7.50
提高中华猕猴桃商品性栽培技术问答	10.00
樱桃猕猴桃良种引种指导	12.50
樱桃无公害高效栽培	9.00
樱桃病虫害防治技术	15.00
樱桃病虫害及防治原色图册	12.00
大樱桃保护地栽培技术	10.50
怎样提高甜樱桃栽培效益	11.00